極致挑逗

雙人共撫全圖解120招

女性支持度No.1的性治療師 **亞當・德永** 著
葉韋利 譯

什麼是緩慢性愛

性愛是神賜給人類最至高無上的禮物，
也是崇高而神聖的行爲。
將其付諸實行，就是緩慢性愛。

讓愛與性的能量相互交流，
爲人生帶來喜悅與幸福，就是緩慢性愛。

性愛是男女之間最無可取代的愛情表現。
幫助我們培養豐富的感性與感受力，
就是緩慢性愛。

讓我們體驗最頂峰的快感，
共享無與倫比的喜悅，就是緩慢性愛。

前戲十五分鐘、交合不超過十五分鐘，
以發洩慾望爲目的，
無視於對方需求、只顧自己快活，
與這些垃圾性愛形成強烈對比，就是緩慢性愛。

無論是假裝舒服或假裝高潮，
都是不必要的僞裝，
你只需要沉醉於快感，就是緩慢性愛。

高潮只是一個結果。
不以高潮，或是讓對方得到高潮爲目的，
只是忘情地對性行爲本身如癡如醉，
就是緩慢性愛。

唯有學習正確的性知識，
培養一身高超的性技巧，
才能夠達到的境界，就是緩慢性愛。

寫在前面

緩慢性愛的第一要務，就是「讓女人在性愛中充分享受感官刺激」，這是不可或缺的最高原則。為什麼這麼說呢？因為女人是「為愛而生的生命體」，而男人則是藉由讓女人浸淫於感官刺激，而獲得眞正的性愛快感及心靈喜悅的動物。

不過，在此同時，緩慢性愛眞正的奧妙所在，卻是「互相愛撫」。

當一男一女徹底了解男女兩性的性構造，並且同時兼具正確的理論知識與技巧，他們絕對有權利盡情擁抱僅屬於兩人的、不拘泥於任何形式的「愛與性」。

這本書，就是要獻給「愛人也被愛」的愛侶，幫助兩人將撫慰與關愛的心化為床上「共撫」的技巧，透過互相愛撫彼此的性感帶，達到心靈交流的境界，讓人人夢寐以求的「眞愛世界」完美實現。

我藉由超過一千位女性的協助，貪婪地投入「讓女性的身心眞正得到滿足的性愛」研究。終於，我揭開了女性生理的奧妙，並且配合理論研發出一套愛撫技巧系統，也就是「緩慢性愛」。我透過緩慢性愛的技巧，溫柔地開發性愛對象的性感腦（感受性刺激的腦），在床笫之間暢快淋漓地展現我的「亞當絕技」，幾乎所有的對象都會興奮到弓起背來，發出銷魂的嬌喘聲，得到至高無上的快感。不過，讓我深感不可思議的是，與我共赴雲雨的女性總是情欲越濃越貼心，會說「我也想讓你盡情享受」，並且用熾熱、濕潤的眼睛充滿愛憐地凝視我的生殖器。這並非出自於「光我爽不好意思」那種低層次的動機，而是這些女性藉由本能察覺到：用自己的雙手帶給男性歡愉，才能讓自己的快感攀升到最高等級。

爲了讓女性擁有更完美的性愛體驗，男女一定要互相愛撫。簡單來說，比起男方從頭到尾單方面地挑逗女方，讓女方也有機會幫男方「助性」，女方才更能獲得壓倒性的快感。

不論是兩人同時「發功」也好，自然地輪流掌握主導權也好，都可以稱之爲「互相愛撫」。本書將這種互動命名爲「雙人共撫」。雙人共撫當然也是緩慢性愛的一部分，只不過從前的型態傾向於女性完全被動、男性專注於愛撫，如今的愛撫方式和技巧重點卻有一百八十度的大轉變。所以，這本書網羅了以往的緩慢性愛書從未介紹過的各種技巧，是一本全新的性愛指南。

本書象徵著緩慢性愛新的里程碑，我們的心願，無非就是讓相愛的男女享有更多姿多采的感官刺激，以及從心靈深處互相交流的愛情喜悅。

接下來，我會將一切所需的理論和技巧，一一傳授給大家。

CONTENTS

C O N T E N T S

C O N T E N T S

C O N T E N T S

C O N T E N T S

C O N T E N T S

C O N T E N T S

SLOW Sex

第一章

雙人共撫的好處

贏得堅定不移的愛

雙人共撫

這裡所介紹的內容，全都是經過我親身試驗、值得信賴的技巧。

獻給想擁有幾十年都不會疲乏、褪色的「真愛」的你！

在屬於兩個人的性愛中，你有多大的比例是跟對方「一起」享受呢？

性愛是一種「相愛」的行爲。在尊重彼此的存在、互相撫慰、彼此關照之中產生共鳴，是一種終極的愛的表現。所以說，比起其他任何共同作業，「一起」這個關鍵字對性愛來說都更加重要。實際上，多數人的性生活都是以某一方主導的單方面性愛爲主，尤其更以男性「有去無回」的愛撫占大多數。儘管如此，我的主張並不僅僅是「要求女性對男性多一點愛撫」，而是「希望兩性多多創造一起享受快感的時光」。

以一般的性愛來說，想尋找「一起感受」的場景，就只有接吻和交合這兩項了。依照不同情人之間的習慣，有些男性會舔舐女方的陰蒂，女性則同時間爲陰莖口交，也就是所謂的六九式。不管如何，性愛都是最崇高的愛情表現、迎向感官的旅程，若是只包含這些要素，難道不覺得可惜嗎？你從沒想過「我對妻子做的亞當撫觸，我自己也想試試看」嗎？妳不認爲「跟男友兩人忘了時間、盡情探索彼此舒服的部位，眞是有趣」嗎？

能夠達成這些夢想的性愛，就是本書即將介紹的兩人同時互相愛撫的「雙人共撫」。

雙人共撫是一種從根本打破單方面性愛的陋習、全新的愛情表現方式。它讓我們擺脫「有沒有高潮」「在對方攀升到頂點之前，不能交出主導權」等種種成規的制約，是一種自由的愛情拋接球遊戲。兩人各自溫柔的愛撫對方，並且交換「啊，太舒服了。妳這裡感覺怎樣？」「啊啊，太棒了！我也幫你這樣做哦」「啊啊，沒錯，眞的很棒」這樣愛的對話，忘記時間的流逝，享受「給予、被給予」的眞正愛的喜悅，就是雙人共撫。

在高層次的感官刺激下共鳴

若是將雙人愛撫的技巧，當作緩慢性愛的序章，或是中途的「驚喜時刻」，你會發現很多事情都將產生戲劇性的變化。

首先，當你開始使用雙人共撫的技巧，不管男方或女方的快感指數都會加速破表。女性能夠跳脫單純被愛撫以外的模式，發掘讓心愛的男性「因爲自己的愛撫得到快感」的樂趣和喜悅，並且擴充自己體內的「性能量（快感能量）容器」，就能藉由緩慢性愛的技巧，逐漸朝更能激盪出快感的身體邁進。另外，大部分的男性也因爲只知道接受口交的單純快感，所以一心只想射精，但是透過體驗雙人共撫帶來多姿多采的快感，男性的腦部與身體將會更有餘裕去累積快感。只要嘗試，你馬上就可以感受到改變。就在今晚，在你展開一如往常的性愛之前，先花三十分鐘實行本書介紹的雙人共撫吧！如此一來，你一定會心想：「我以往的性生活到底算什麼？」保證你能在更高層次的感官刺激下，與對方相互共鳴。

性方面的煩惱，就靠雙人共撫來解決

接下來，我們要推倒兩人心靈之間的圍牆，讓彼此的精神與肉體都全然開放。如此一來，原本無法洞悉的對方心事都會看得一清二楚，自己不被對方理解的想法也可以獲得接納。不管是誰，對於性事都會有或大或小的煩惱。男性的煩惱可能是對於早洩、遲洩或是陰莖過短感到自卑，或是希望愛撫過程中多一點視覺上的刺激，或是希望女方多關照一下他的被虐傾向。女性的煩惱，則是希望男方多重視接吻、擔心下體有異味、插入時會疼痛、也希望享受比較和緩的快感……等等。

其實這些煩惱，都是直接跟對方溝通就可以解決的。但是，以一般人的性愛習慣來說，根本沒有機會正面對話，或是靠肢體語言傳達。學會雙人共撫之後，這些煩惱也會奇蹟似的達成共識。也就是說，你在性方面的困擾都會獲得戲劇化的轉變。

其他好處還有：

・希望對方做的事、想為對方做的事，都可以明白表達，不再扭扭捏捏。
・從只靠一股蠻力的「疼痛愛撫」得到解放。
・不再被垃圾性愛牽著鼻子走。
・早洩、遲洩等勃起障礙得到改善。
・看到男方沉醉在快感的性感表情，自己也會感同身受。
・女方會變成嬌喘連連的體質。自己也能坦率的發出呻吟。
・愛撫變成日常生活的一部分，隨時隨地都能自然的交歡。
・不會想再涉足風化場所，甚至覺得很愚蠢。
・不用擔心厭倦彼此。
・擺脫無性生活的效果一級棒。
・讓對方的身心都對你產生依賴，再也無法跟你分開。

這些好處絕對不是空口無憑，全都是我統籌的性愛學校的學生，實際體驗過雙人共撫後的眞實報告。

除此之外，還有：「女性不再因爲只有自己享受快感而內疚，可以敞開心胸接受男性的愛撫。」「不必被一開始就一定要做到最後的規則箝制，感覺眞好！」等等好處，列舉起來是沒完沒了。

用一句話來總括，雙人共撫的好處就是贏得「不渝的愛情」。

雙人共撫並不是「愛撫大賽」

就像找尋四葉幸運草一樣，將溫柔的心情化為技巧，尋覓對方的性感帶，滿足對方的性渴望，這就是雙人共撫最崇高的喜悅境界。在這種性愛模式裡，完全不需要有「非讓對方爽翻天不行」，或是「我必須迎合對方的期待」這種壓力。所以想請大家特別注意的是，千萬別讓性愛變成了一場「愛撫大賽」，重點是要像兩人三腳一樣，同心齊力的攀登頂峰。

同時互相愛撫的訣竅，就在於「持續帶給對方平常六～七成的快感」。

另外，用言語和身體確切表達「我很舒服」也很重要。

當你全心全意的投入愛撫，對方卻面無表情，你應該會覺得心酸酸吧？對方也跟你一樣。如果聽到你說「我害羞不敢講」「讓女生看到陶醉的表情，有失男子氣概」這種話，再澎湃的熱情也會瞬間冷卻。既然覺得舒服，就應該用聲音傳達、用表情展露，別忘了這可是性愛基本的禮儀。事實上，我為數千名女性做過諮商，沒有一個人覺得接受口交時擺張臭臉的男性有「男子氣概」。請你讓你心愛的女性，看到你眞正充滿「男子氣概」的一面。我期待所有的男性，都能成為擁有這種胸襟的人。

女性愛撫男性，是愛情的調味料

「豐富的愛撫」，指的是愛撫的技巧很多樣化。根據當下的情境，自由運用多采多姿的愛撫手法，就能創造出這個世界上獨一無二、專屬你們兩人的愛的藝術。不過，以往的性愛指南書裡關於女性愛撫男性的描述，多半局限在口交，或是勉強套用SM之類的「絕技」，完全避重就輕。憑這樣的態度，是沒有辦法達成對等的雙人共撫的。在這本書中，我會把女性愛撫男性的部分獨立出來說明。關於男性的性構造，以及如何運用相同的愛撫技巧讓男性興奮加倍，也占了不少篇幅。

獻給想讓女性神魂顛倒的所有男性

如果你是沒有特定伴侶的男性讀者，只練習男性愛撫女性的部分也完全沒有問題。本書除了是雙人共撫的入門指南之外，也同時是高層次的「讓女性神魂顛倒的性愛指南」。只要正確實行這些愛撫技巧，任何女性都會對你情深意濃。這不是開玩笑，緩慢性愛的效果就是這麼犀利。不過，正因爲如此，有一種人我非常不願意傳授技巧給他們——那就是「牛郎」。請將技巧運用在「愛情」上面。

緩慢性愛的基礎知識Q＆A

男與女有何不同？

當你實行緩慢性愛、雙人共撫前，最重要的就是了解異性。由於彼此非常熟悉，往往因此而忽略了兩性間的差異，需要重新調整觀念。

性行爲的目的，是「彼此感受愛、互相交流」。不過，光是這樣講太過一板一眼，比較難以闡明一些細微的要素。在這個大前提之下，性行爲還包含了接下來要講的幾項具體目的。首先，讓我們列舉出男女的一些共通目的：

・進行對於滋養愛情極爲有效的愛撫。
・進行充實、充滿情感、種類多樣的愛撫。
・像遠紅外線加溫一樣，給予對方深沉、確切的快感。
・像進行一場愉快的對話，一起享受性愛是一種愛的交流。
・不做對方討厭的行爲，享有無壓力的時光。
・性行爲之外，兩人的心可以更加緊密結合。

這些條件不分男女，都是雙人共撫的共通目的與目標。話雖如此，目的應該還不只這些吧？沒錯，除此之外，男性有男性、女性有女性各自的期待，都會加進目的與目標裡面。它們或許是「希望提升持久力」「希望看到女友露出性感撩人的姿態」，女性則是「希望讓男友了解，不慢慢醞釀就不會眞的有感覺」，或是「不希望彼此的結合只是機關槍式的撞擊，而是能品嘗各式各樣的陰道快感」。這些齟齬，就是源自於性別差異。

在男女平等的旗幟下，摒除互相爭奪主權的衝突，而實行互相愛撫，這是再棒也不過的狀況了。不過，比這點更重要的是，我們應該充分了解「儘管如此，男女與生俱來的性構造明顯有所不同」。雖然本書會不斷提及男女之間的性別差異，在此，我將先介紹幾項具有代表性的區別。尤其是讓男性了解女性的生理構造，更是實踐緩慢性愛不可或缺的條件之一。對於緩慢性愛中級者來說，這些話大概聽到耳朵都快長繭了吧！儘管如此，還是希望大家牢牢記在腦袋裡，絕對百益而無一害。

當關於異性的知識日益增長，不但能夠了解對方與你「共通的目的」，也會知道對方的期待。這就是「體貼」的第一步。就算男女之間心意相通，很多地方還是有歧異。我們應該把這種差異當作很棒的特質，給予尊重和諒解，兩人之間的性愛才能達到眞正的男女平等。

圖解
男與女的差異

有快感和高潮哪裡不一樣？男與女的構造是相同的嗎？

要實行緩慢性愛，首先必須具備一項知識，那就是「達到高潮」和「覺得服舒」是完全不同的兩件事。我就用一個裝水的杯子來解說吧！身體感受到快感、覺得舒服，就像是水緩緩地注入杯中，也就是「性能量」逐漸增長的階段。眞正的「高潮」，是指水量達到杯緣，超越表面張力的極限，最後滿溢而出的爆發現象。

也就是說，爲了讓性愛眞正獲得滿足，在爆發的前一瞬間能夠累積多充盈的性能量，就是關鍵所在。

所謂的垃圾性愛，就像是杯中只倒進一點點的水，卻強制性地把水潑出來一樣。

快感（性能量）
快感的量
女性會在享受快感的同時慢慢倒滿體內的水杯
緩慢性愛的「高潮」
要滿出來了~
推
嘩啦~
垃圾性愛的「高潮」
一點點
硬倒
超虛~

圖解
男與女的差異

爲什麼男人很容易勃起？不濕的女人反而不正常？

「前戲是爲了『讓女人下體變濕』」「只要有濕，應該就可以進去了吧？」很多男性直到現在都還有這種誤解。這是一種徹頭徹尾的無知。男性的生理構造非常單純，只要興奮就會勃起，條件符合了隨時都可以射精，但是女性的構造是更纖細而複雜的。

以陰陽五行來看，男性屬「火」，女性屬「水」，也可以對照到兩性的性構造上的差異。男性就像火一樣，點燃得快、熄滅得也快；女性則像水，沸騰需要一段時間的醞釀。

此外，女性分泌愛液只是「腦興奮」的狀態，必須接收到高品質的愛撫之後，身心才能做好迎接男性生殖器的準備。

圖解 男與女的差異

緩慢性愛的技巧，不管哪個女性都受用嗎？

不經過放鬆的狀態，女性是無法情欲高漲的。就算我的技巧已經近乎完美，當對方處於極度緊張的狀態下，還是無法讓她縱情雲雨。所以，我最費盡苦心鑽研的，不是如何使出獨門技巧或絕活，而是如何在性行爲之前讓她們徹底放鬆。我可以明白地告訴各位，A片都是演出來的。「雖然女生不想要，但是在男優的技巧之下，身體就不由自主……」因爲這種場面會賣，所以業者才演出這樣的劇本。如果男性不經查證就貿然相信，對女性來說只會是場悲劇！

心靈沒有敞開，身體絕對不會開放，這點請大家銘記在心。只要你了解到這點，緩慢性愛就是所向無敵的了。

情欲
放鬆狀態
好可怕！
不開心！
男性使用相同技巧

圖解 男與女的差異

不管是緩慢性愛或垃圾性愛，對男性來說快感都一樣？

當然是不一樣的。讓男性獲得高層次的感官刺激，需要以下兩個條件。一是不以「高潮」爲目的，盡量累積肉體的快感；二是以看到女方沉浸在強烈情欲中的姿態爲目的。

比起女性，男性對於視覺、聽覺的敏感度要高出好幾倍。只要能讓他們看見世界上最美的感官姿態，就能品味腦髓酥麻般的快感。垃圾性愛可沒有這種效果。

另外，藉由緩慢性愛傳授的正確愛撫方式，能讓儲存性能量直到「高潮」的容器容量漸漸變大。以男性來說，原來可能只有一個盤子的量，不斷施行緩慢性愛之後，器皿就會越變越大哦！

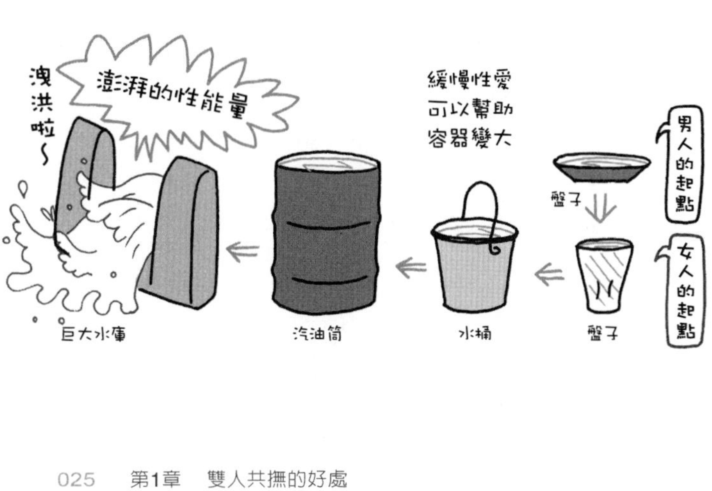
男人的起點
女人的起點
盤子
盤子
緩慢性愛可以幫助容器變大
水桶
汽油筒
巨大水庫
澎湃的性能量
洩洪啦～

其實你不懂女性生殖器。該怎麼對待陰唇？不管它就好了嗎？

在「女性生殖器」這個統稱下，還分成好幾個不同的重點，隱藏著不同的快感機關。以爲女性只有陰蒂和陰道會產生快感的男性，就像叫女友只吃三明治裡的火腿，而把麵包和生菜全部丟掉一樣浪費。

我要再次提醒大家，一開始就刺激陰蒂，是很不入流的做愛方式。就像是還沒品嘗餐前酒和前菜，就直接大口猛嗑主菜一樣。首先，應該先愛撫大陰唇，表現出「我接下來要觸摸你寶貴的女性器官囉」的溫柔體貼。讓對方抱持「他接下來就要碰我的下體了！」的期待，緊接著的快感會攀升得更快。更進一步的話，就是高等挑逗不可或缺的小陰唇愛撫。接著，是讓女性對於結合滿心期待的陰道口愛撫。除了帶給女性羞恥與愉悅雙重攻擊的肛門愛撫之外，還有讓女性驚嘆連連、沒料到這種地方也能帶來快感的會陰等部位。哪些部位適合哪種刺激方式？怎麼樣的愛撫比較舒服？這些都是需要用心學習的。請把這些知識當作成爲愛撫達人的第一步。

女性生殖器的性感帶及愛撫方式

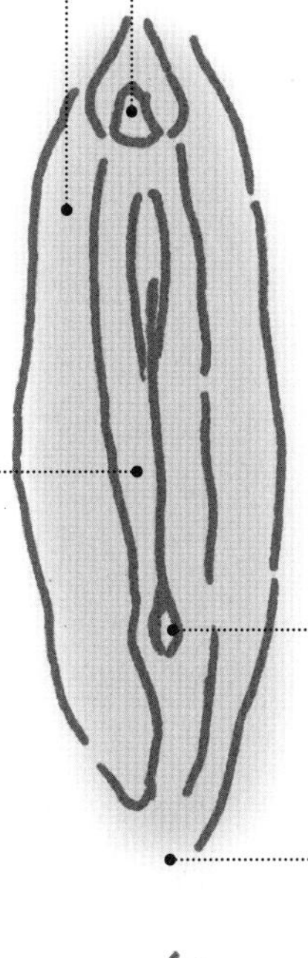

大陰唇

一邊輕柔地撫弄陰毛，一邊用食指和中指寵愛大陰唇，這就是亞當撫觸。能讓女性做好下體被愛撫的心理準備，並且充滿期待。

小陰唇

用整根中指緊貼住小陰唇，緩緩地撫摸。當女性渴望被觸碰陰蒂而扭動腰肢，你就是吊胃口高手了。正確把握小陰唇的位置，陰蒂也難不倒你。

肛門

「掌握肛門的人，就能稱霸愛撫界」，這句話一點也不誇張。用中指指腹蓋住入口畫圈輕撫，或是用舌頭重重地舔過。（請注意衛生）禁止肛交。

陰蒂

超高感度的性感帶。女性煩惱的排名冠軍就是「對方愛撫陰蒂會痛」。請認知它比龜頭要敏感100倍。如果不夠濕可用按摩精油補強，指觸要非常輕盈。

陰道口

當女性的情欲指數升高，可以嘗試陰道口震動手法：將中指的第一指節慢慢插進陰道，然後左右小幅度搖晃震盪。對於會性交疼痛的女性也有幫助。

會陰

連接陰部和肛門的通道。如果一古腦的亂摸、亂舔，女性根本分不清楚哪裡是哪裡。把焦點放在會陰，正確地輕輕舔觸的話，就會有令人驚喜的反應。

男性的小雞雞，除了龜頭之外的部位都沒有感覺嗎？

我詢問到我學校上課的女同學：「各位是如何愛撫男伴的陰莖的呢？」很多人的答案都是：「只有口交。」而且愛撫的方法只是不管三七二十一地含住吸吮，或是用力地上下搓弄。這種方式就像是在催促對方「趕快給我射精」一樣專制。爲了盡享緩慢性愛的雙人共撫，身爲女性的妳應該記住，陰莖也是具有許多不同的性感帶的。

大多數的女性，都以爲愛撫陰莖就是指口交。各位有所不知，口交的快感與其說是肉體的快感，更接近「對方含住我的陰莖」的征服欲，是一種精神上的滿足。要進行正統的愛撫，請採用比嘴巴能幹好幾倍的雙手，才能夠精準愛撫各種性感部位。能帶來雷擊般快感的龜頭，在亞當式愛撫下讓他雙腿酥軟的包皮繫帶，吊胃口效果超讚的會陰……族繁不及備載，當然也不能忘了好好疼愛心愛男友的那話兒。另外提醒，愛撫時請務必使用按摩精油。

男性生殖器的性感帶與愛撫方式

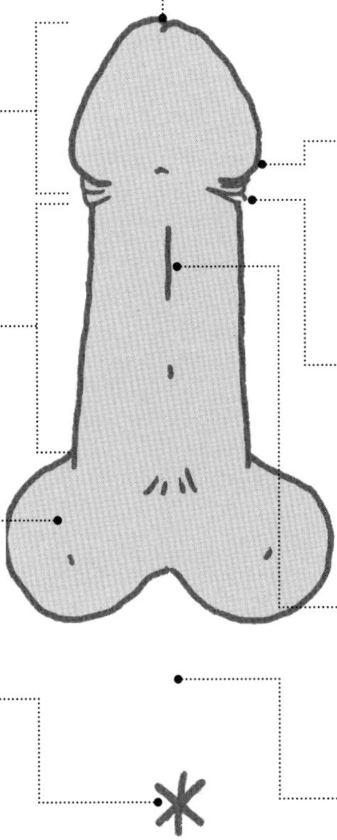

龜頭

男版的陰蒂（但是相當遲鈍）。可以塗上按摩精油後輕握或是旋轉，愛撫方式多變。區分冠部和莖部的愛撫，是入門的第一步！

莖部

雖然快感指數不如龜頭，但是強力摩擦會讓男性迅速進入射精狀態。可以用包皮皺褶套弄（非摩擦），或是在濕滑的狀態下愛撫。

陰囊

也就是俗稱的「蛋蛋」。可用亞當撫觸法搔癢逗弄，或是用舌尖點舔。用力握緊會造成疼痛，請溫柔對待。

肛門

其實，男性也有被虐的傾向。藉由愛撫肛門，粉碎他羞恥心築成的高牆吧！在本書裡會充分介紹女性如何愛撫男性的小菊花。

尿道口

最適合作為愛撫陰莖的起點。可以用指腹旋轉，也可以用舌尖輕觸，你會因為它的意外多變而驚喜交集。

龜頭冠

龜頭最敏感的部位，也是男性最頂級的性感帶。手指比出OK手勢上下套弄，會讓男性腦袋一片空白。

冠狀溝

搭配按摩精油後摩擦這個部位，男性可以同時品味冠部和莖部受刺激的雙重快感，是相當受歡迎的愛撫勝地。

包皮繫帶

塗上按摩精油後，用指腹推壓，保證讓男性渾身戰慄、欲仙欲死！

會陰

陰莖與肛門之間的祕密小徑。被愛撫這個部位是男人的夢想。輕輕托起陰囊，用舌尖刺激它，男伴會對妳刮目相看！

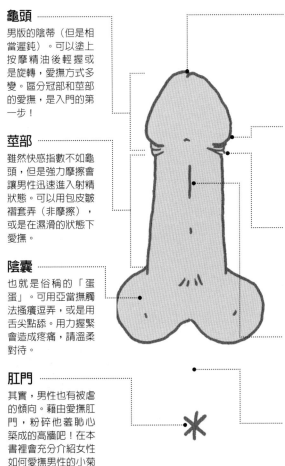

SLOW Sex

第二章

雙人共撫的基本技巧

雙人共撫的

愛撫技巧

終於要進入正題！接下來，本書要昂然起航，前往至高無上的性愛仙境！

這可是不受一時的流行左右、百年後依然被世人奉行的經典技巧！

不管是鈴木一朗、王貞治，還是野村克也，這些棒球名人都是先學會形式，才逐漸成長茁壯。剛開始一定是用身體記住空揮的正確動作，才成爲人上之人。不僅限於運動，舉凡茶道、花道、鋼琴、繪畫，都必須先從形式入門。藉由誠懇地遵循前人架構的形式，才能讓最終的表現更臻完美。

不過，說到性愛，目前大多數人仍然認爲「性愛的方式是兩個人覺得好就好，不需要別人來教」，讓我感到相當納悶。愛這種東西，自始至終都是具體的。我建議各位首先牢記我諮詢超過一千名女性的成果，經過系統化、並且透過實行加以淬鍊的技巧。先學會這些技巧，再去發揮你獨到的特色，相信最終結果一定比你目前的成就更具「個人風格」，也更符合你與伴侶的「理想」，同時也是你一生的財產。

在這一章裡，我將介紹雙人共撫所需的種種基礎技巧。

從七種戲劇化的親吻「彩虹親吻」開始，接著是讓全天下女性成爲「全身性感帶」&「超高感度體質」的終極指技「亞當撫觸法」。亞當撫觸法不只適用於女性，對於男性也效果驚人。原本只能藉著陰莖享受快感的男性，透過亞當撫觸的開發，不管是乳頭、肛門、背後、腳底，都能進入欲仙欲死的境界，類似的例子多不勝數。身爲女性的妳，請一定也要精通這項絕活。

如果說，亞當撫觸法像用最高級的羽衣包裹住對方，是一種全身性的鯨吞攻略；那麼舔舐愛撫法就像是各個擊破散布於各處的高度性愛帶，是一種游擊式的蠶食攻略。雖然統稱爲「舔舐」，但是根據不同部位，又可以分成三種舔法。請各位好好學會這兩項技巧——亞當撫觸法和舔舐愛撫法，它們可是緩慢性愛的兩大支柱。

另一方面，跟這兩大支柱的刺激方式恰好相反的調味料，則是搔抓愛撫法與甜咬愛撫法。它們和亞當撫觸法、舔舐愛撫法一樣，可以根據不同部位、不同時機巧妙運用，愛撫情境無限寬廣！

首先，我建議大家掌握包含接吻的五大愛撫法，讓自己在無意識的狀態下也能施行正確的步驟。然後，我希望大家能了解「爲何這種愛撫方式會帶來快感」的理論知識，接下來就可以按照你的感性，自由自在地發揮了。各位，請盡情大啖情欲饗宴吧！

彩虹親吻

接吻就能帶給你看完一部電影的感動！

接吻是黏膜與黏膜最初的邂逅。沒有任何女性會討厭戲劇化又充滿愛意的吻。但是，身爲男性的你若是執著於舌吻，或是只會一個勁的吸吮嘴唇，會讓女方興致全失。請大家記住，接吻也是有七種形態的。

♥ 目的與重點

1 藉由美好的吻，讓女性感受到愛，並且打開心房。

2 由靜到動，宛如故事般的親吻讓對方深深感動。

3 接吻變得高明，性愛技巧也會變得豐富。

1 亞當親吻（絕妙之吻）

嘴唇薄薄的皮膚下，蘊藏著無數的神經。用若即若離的觸感，撫摸對方的嘴唇、嘴角和臉頰。也就是亞當撫觸法的嘴唇版。不是左右移動，而是蜻蜓點水式的輕輕碰觸、再慢慢移開，接著再移往其他地方重複同樣的動作。請盡情享受彼此的體溫與呼吸。

2 開始親吻（揉揉之吻）

接下來進入互相感受雙唇彈性的吻術。先放鬆嘴部肌肉，扎實地揉壓在女方的唇上。請切實地感受女性雙唇活跳跳的彈力及柔軟度，這就是你心愛女人內心的溫柔。請著重於上唇、下唇、嘴角、臉頰、下巴等部位。

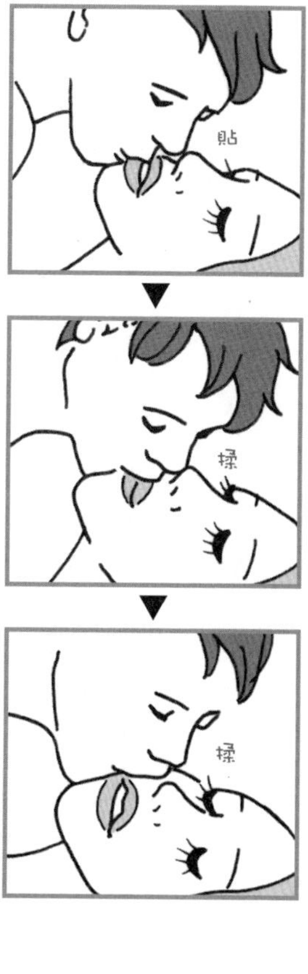

3 音效親吻（鳥鳴之吻）

讓愛情透過耳朵直達對方心中。這種吻術的重點，在於嘴唇離開時的啾啾聲。接吻時的感觸必須非常輕盈，然後一邊離開，一邊發出小鳥鳴叫般的輕快聲音。除了可以運用在嘴唇的各個部位，還有鼻尖、下巴尖端等處，重點在於讓女性有被愛的實際感受。

4 舌尖親吻

男性以舌尖抵住女性的舌尖，溫柔地引蛇出洞，然後將兩片舌頭互相纏繞般地愛撫。基本上由男性負責律動，舌頭不須使力，只須享受黏滑柔軟的感觸。到這裡還是像遊戲一樣輕鬆，一邊鎮住逐漸高漲的性欲，一邊將你豐沛的感性投入這場吻局。

5 深層親吻

當彼此的感官變得非常敏銳，解放熱情的時刻終於到來了。親吻臉頰時稍稍加重力道，傳達「接下來我要解放妳」的訊息，再熱情地深深一吻！在密合的狀態下，稍微改變臉的方向，調整成四唇正對的角度，然後憑藉你的本能讓雙舌縱情糾纏吧！

6 陰莖親吻（挑逗之吻）

這是一種性刺激指數非常高、活色生香的吻術。請將它列入你們的性愛流程。先從深吻慢慢離開，然後請女方伸出舌頭（肌肉不要用力）。將女性的舌頭當成陰莖，男性的口腔當成陰道，緩緩插入，也就是男女角色互換的虛擬性交。要訣是男方也要放鬆。

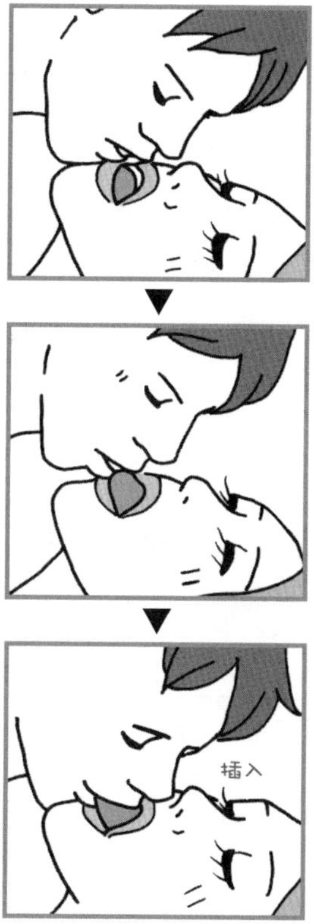

7 吸盤親吻

終於要邁向彩虹親吻的高潮了。摒除所有雜念，在欲望的驅使下喚醒你的動物本能，用全身的精力吸吮彼此的口腔。將唇與唇完全密合，使口腔成為近真空的狀態，然後大吸特吸。請化身為熱情的吸盤，直到兩人的嘴唇鮮紅而腫脹為止。

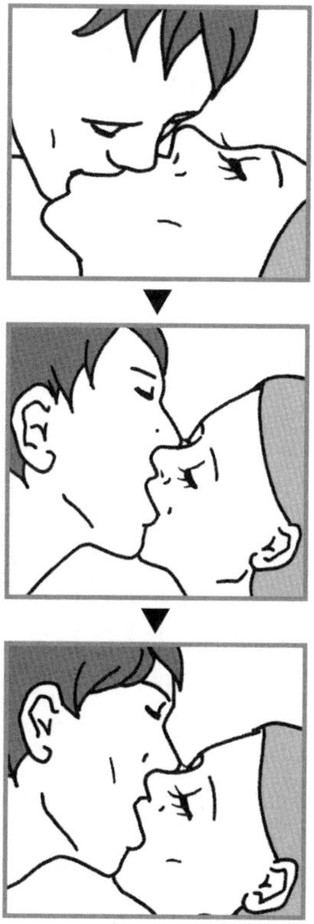

亞當撫觸法

一招闖天下
緩慢性愛的眞髓

女性全身都是性感帶，這已是常識。至於該如何愛撫，光靠舌頭舔、雙掌抓，是無法讓女性性欲高漲的。亞當撫觸不只是讓對方達到高潮的利器，也能在對方感受快感的同時，漸漸成爲敏感易潮的體質。它的實用性非常廣泛，從接吻、雙人共

基本手勢

用右手掌心（左撇子則用左手）輕輕放在對方身體平坦的部位。先在皮膚撒上爽身粉，然後讓掌心和皮膚水平距離2公分，從這個高度降下五隻手指，輕輕落在皮膚上，手指不要用力，在愛撫過程中一直維持這個姿勢。

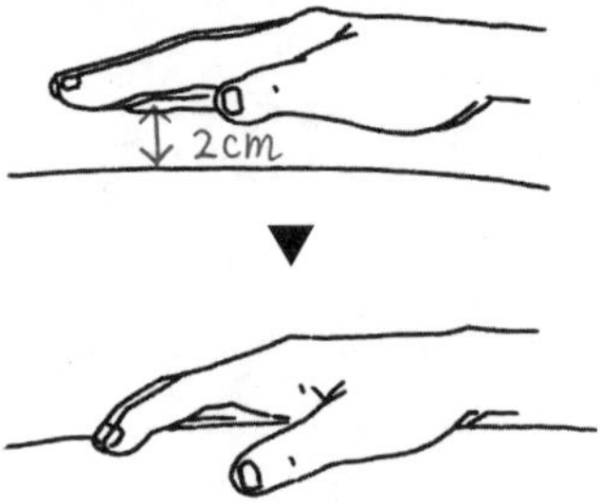

與皮膚的交點

手指的前端叫指尖，指紋的部位叫指腹。亞當撫觸法使用的部位，就是指尖和指腹的中間點（圖中的●部位）。請練習運用五根手指的這個部位觸碰對方的身體。另外還有指根的勞宮，有一個可讓氣進出的重要穴道，也請記住。

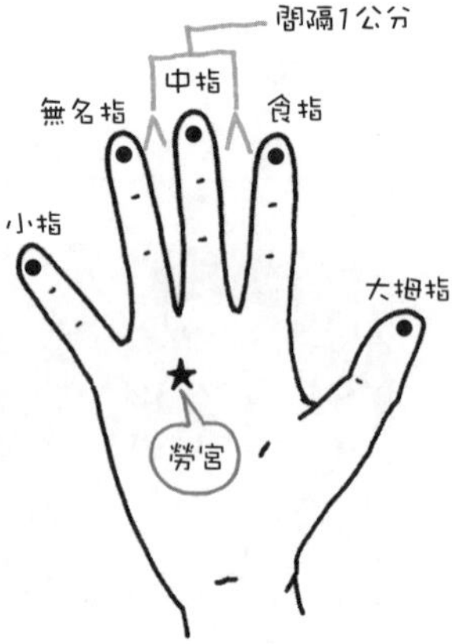

男
女

撫到交合，所有情境都適用。若你達到只要手空著就能下意識地運用亞當撫觸，你和你的女伴將能獲得前所未有的性福。當然，這也是女性的必修科目。用妳的體溫和指尖帶來的快感，將男伴的身心轉化爲愛與性。

♥ 效果

1. 能讓彼此在愛撫時全身放鬆，將性欲從淡淡的快感逐漸往上攀升。
2. 可以運用在雙人愛撫的各種情境，快感不會中斷。
3. 經過反覆施行，彼此的身體都會越來越敏感。

Point

★順時針方向

★秒速3公分

★蜻蜓點水般的指壓

移動方式

請徹底依循左方的三項重點。像背後等大範圍區域，就用大幅畫圓的方式；手臂這種小區域，就用順時針畫小圈的方式。臉部則以食指和中指兩根手指愛撫。任何場合下，手指都要保持固定手勢，指壓要和緩，這是必須嚴守的原則。

亞當撫觸法【實踐篇】

男→女

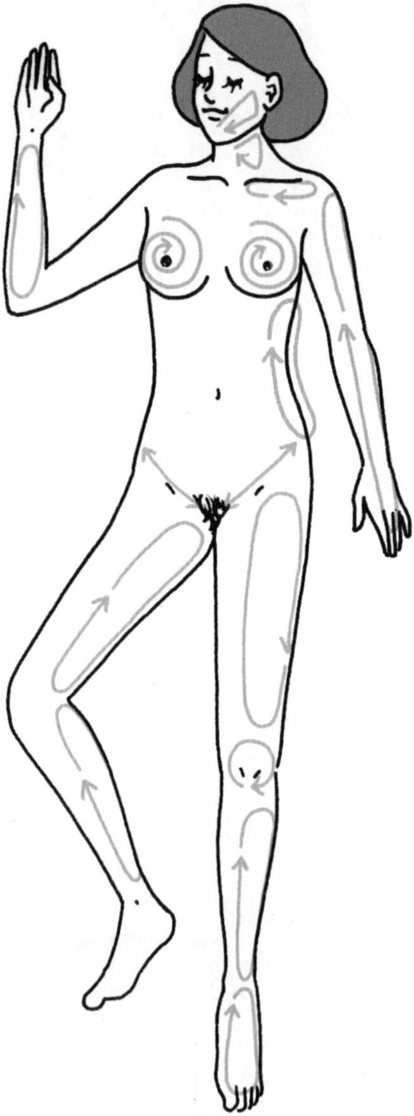

愛撫的部位

頭髮&臉

用安撫小孩的方式撫摸頭髮。臉其實是最卓越的性感帶，用食指、中指兩根手指，撫摸下巴、顴骨和耳側連成的三角地帶。

手臂

脖子、鎖骨再下來就是手臂。從肩膀到指尖大範圍地緩緩畫圓。上臂內側也比照辦理。

腹側

從腋下到大腿骨的部位，大範圍地緩緩撫摸。手掌必須一直和皮膚保持平行。這是男性也很有感覺的部位。

胸部

脂肪是沒有神經的，所以揉得再努力也不會產生快感。從外側一邊畫著漩渦狀，一邊慢慢接近乳暈。乳頭的部分容後再談。

鼠蹊部

吊胃口部位中的翹楚！從骨盆邊緣到連接性器官的兩條線，用兩根手指輕觸。請在性器官周邊遊走，吊足對方的胃口。

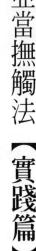

大腿

將大腿垂直分成前側、內側、外側、後側四個部位，以最大極限的橢圓形畫圈愛撫。在交合狀態下運用也非常有效果。

膝蓋&小腿&腳

直到被愛撫這幾個部位，女性才能全身浸淫在快感當中。膝蓋後方、腳底也都是性感帶，請多多發揮冒險精神。

背部

對於提高性欲相當奏效的部位。尾椎是製造性能量的場所，別忘了給它一點刺激。請依照圖示以畫圓愛撫背部。

臀部

以撫摸碗公的手勢，輕柔地畫圓。臀部必須接受強烈刺激才有快感的傳聞，全都是一派胡言。也可以用同樣方式愛撫男性。

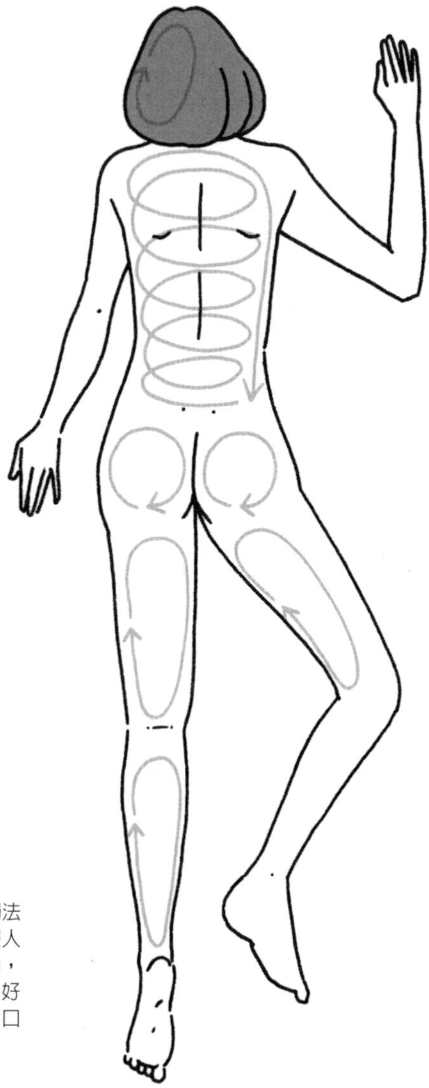

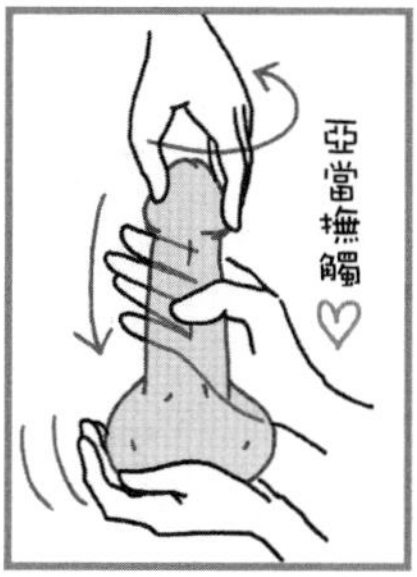

女對男的亞當撫觸法

男性也對亞當撫觸法性致勃勃。它是雙人共撫中的一大配角，少了它就成不了好戲。陰莖也是吊胃口招術的絕佳對象。

圖解

雙人愛撫的基本技巧

搔抓愛撫法

踏上欲望之路的絕佳嚮導

亞當撫觸法帶來的是淡淡的快感，屬於「靜」的快感，若是搭配「動」的快感就更所向無敵了。搔抓愛撫法便能帶來「動」的快感。

任何人都有潛在的S（嗜虐）和M（被虐）的特質。能滿足這種願望的愛撫方式，就有如細水長流般緩慢性愛裡的最佳調味料。就像字面上的意思，搔抓愛撫是用指甲做搔與抓的動作。搔抓的時機搭配得當的話，對方會有瞬間被閃電般的快感襲擊，展現出M的一面。

基本手勢

首先，要明確決定愛撫的目標。掌心與皮膚保持水平狀態下，將五隻指頭垂直挺立，然後微微使勁以固定手勢。讓對方的肌膚與手指呈90度角是重點。指尖不能平放，五指也必須併攏不能打開。

男
女

像是當對方因爲亞當撫觸法的淡淡刺激而暈陶陶的時候，忽然對大腿搔抓攻擊！或是在以坐位交合時，冷不防在背後來記貓抓！要注意的是，搔抓不是越多越好，要攻其不備才能點燃熊熊欲火。

♥ 效果

1. 對於亞當撫觸法細膩溫柔的刺激來說，是很好的調劑。
2. 能夠喚醒對方內心潛在的M感官。
3. 突然的強烈刺激，能夠讓腦部高度興奮，為性能量激起波瀾。

Point

★1秒30公分

★像抓蚊子咬般的強度

★指甲保持垂直

移動方式

搔抓有兩種，一種是劃，一種是壓。在有肌肉的部分，就垂直移動。請不要偏斜也不要走閃電路線，直直的下去效果最好。為了讓對方驚喜，必須以1秒鐘30公分的速度一口氣劃下去。力道不須太強，紅色的印子不久就會消失。一次搔抓的距離最好盡量拉長。

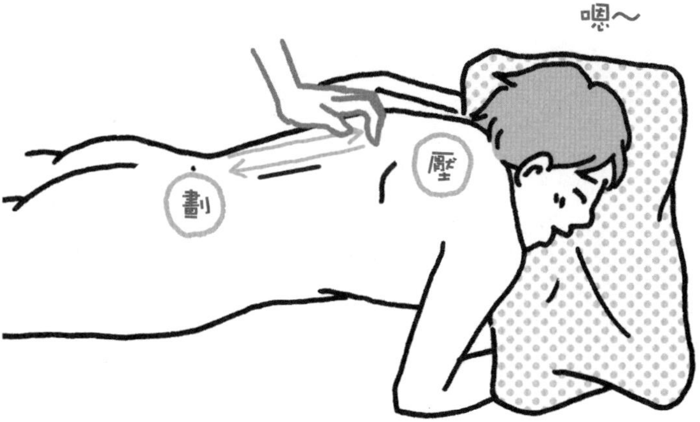

搔抓愛撫法【實踐篇】男⇄女

愛撫的部位

搔抓的對象是有肌肉的部位。尤其像小腿肚、大腿更是其中性感指數飆高的性感帶。從大腿到臀部的交接處，信心十足地劃下去吧！對於臀部則是先壓後劃，呈圓圈移動。前臂和上臂也很適合做搔抓愛撫。

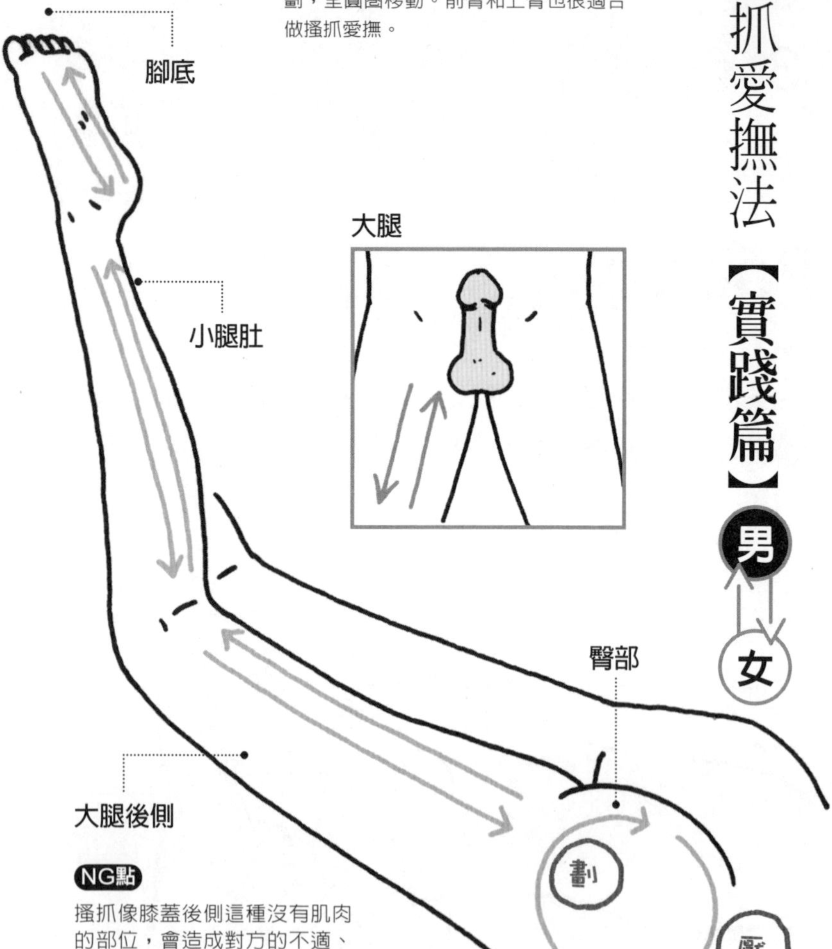

NG點

搔抓像膝蓋後側這種沒有肌肉的部位，會造成對方的不適、疼痛、不安感，強烈建議避免。對於臉、脖子、乳房、腹側、腹部這些部位，則不應用搔抓，而是亞當撫觸法。

演出技巧

光是傻楞楞地抓，做了等於沒做。當對方因為亞當撫觸法帶來的朦朧快感，像一艘漂蕩的小船時，或是沉醉在坐位交合的擺盪帶來的欲望浪濤中，就是你使出搔抓大法的關鍵時機！

利用亞當撫觸讓對方飄飄然……

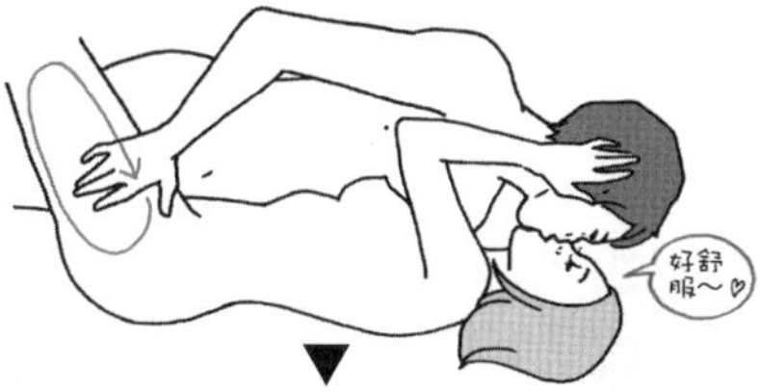

▼

忽然使出搔抓愛撫！

背後

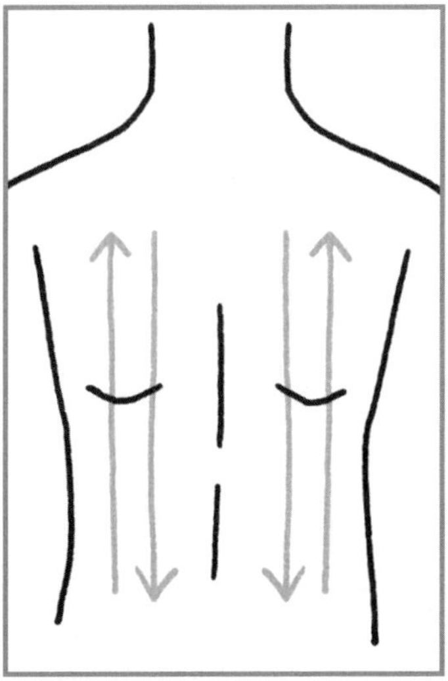

手臂

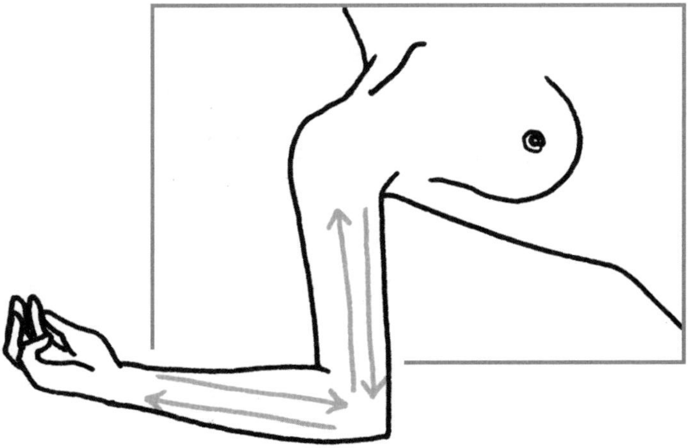

圖解
雙人愛撫的基本技巧

舔舐愛撫法

愛撫品質瞬間飆高
舌頭觸感開啓心門

舔舐愛撫是廣義口交的一種，也就是用舌頭愛撫對方。亞當撫觸是用微弱而細膩的刺激開啓對方的性感腦，舔舐愛撫則是「以傳遞愛情爲目的」。雖然快感比不上亞當撫觸，但如果你的目標是疼惜對方般的性愛，它可是有無可取代的效果。

基本姿勢&移動方式

男
女

1 往上舔

伸出舌頭，緊緊貼住對方肌膚。舌頭保持不動，整個身體抬高，慢慢地往上舔。許多部位用點舔會造成癢感，用這種舔法則會變成最高等級的性感帶。是一種濕黏的、滑溜的、難以言喻的嶄新快感。

只是像舔冰棒一樣動舌頭，效果會大打折扣。將往上舔、點舔、旋轉舔三種動作有意識地交叉運用，多加練習。如果技巧正確，對方就能感受到你的愛意，興奮度也隨之沸騰。

♥ 效果

1 就像動物界的父母舔小孩一樣，能夠傳達深切的愛意。

2 舌頭濕滑的觸感，能夠帶來其他愛撫方式辦不到的特殊刺激。

3 舔遍全身只是遙不可及的夢想。重點式的舔舐愛撫，才是快感的絕對保證。

3 旋轉舔

針對腋下等狹窄部位，以及其他舌頭愛撫會造成癢感的位置。伸出舌頭，放鬆力道，溫柔地壓在該部位。不需要勉強旋轉，只要配合舌頭的反彈力道順勢慢慢移動就可以了。中間加入吸吮是很好的調劑。

▼

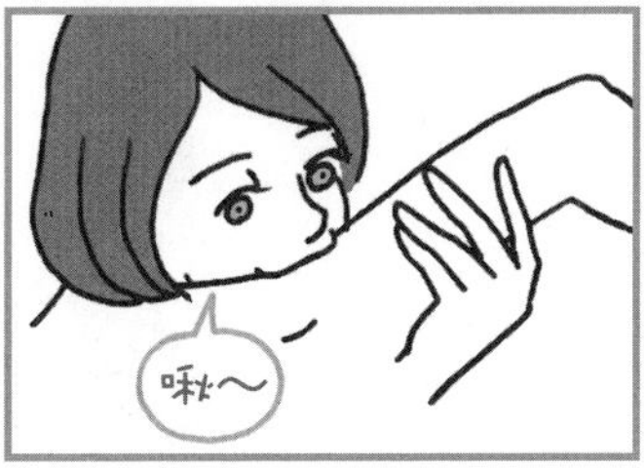

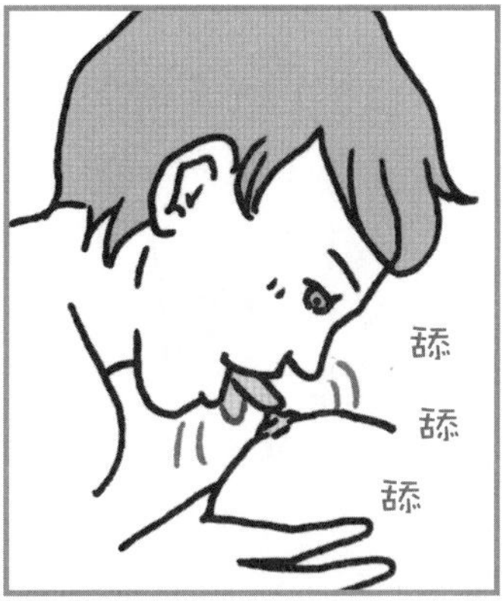

2 點舔

對於乳頭、陰蒂，或是陰莖的包皮繫帶等部位非常有效。訣竅是舌尖不要用力。有些人喜歡彈跳式的舔弄，但是效果並不好。舌尖必須一直停留在肌膚上，以一定的節奏來回舔動。

舔舐愛撫法【實踐篇】

愛撫的部位

往上舔

下巴、頸側

舔臉會讓女方擔心掉妝，所以略過。從下巴下方、鎖骨上方到耳朵後面，扎扎實實地往上舔吧！耳朵的部分不要留下口水，要很有藝術感的運用舌尖。

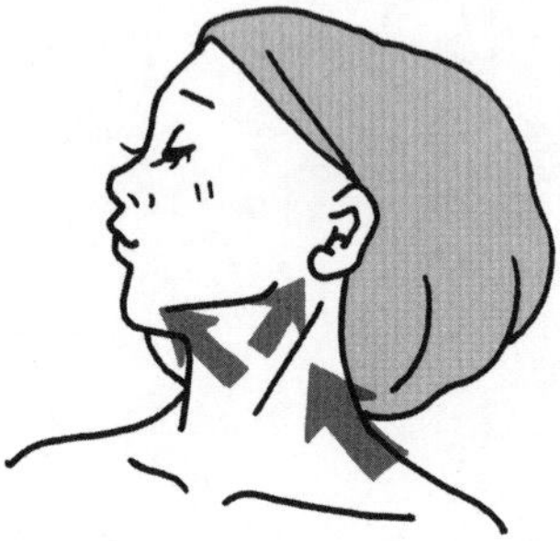

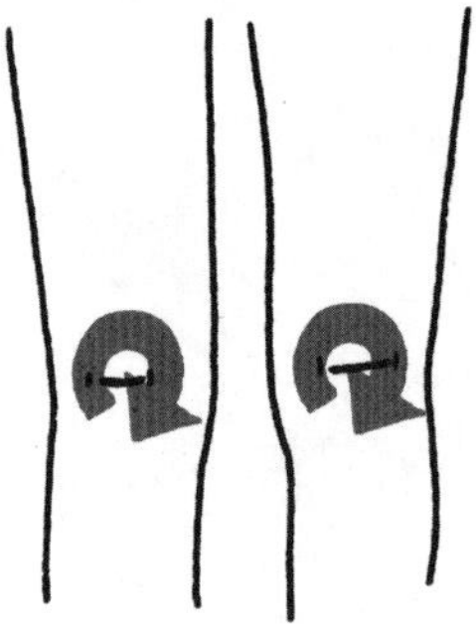

旋轉舔

膝蓋後側

這是很容易被忽略的一個性感帶，也是極適合使用旋轉舔的部位。基本上需要對方俯臥，才能盡情展現舌技。

往上舔

屁股

從肛門的上緣，一路往上舔股溝的兩側。突然舔肛門會讓對方打退堂鼓，造成反效果。等到對方對這種舔舐愛撫沒有任何抗拒，再專攻肛門。

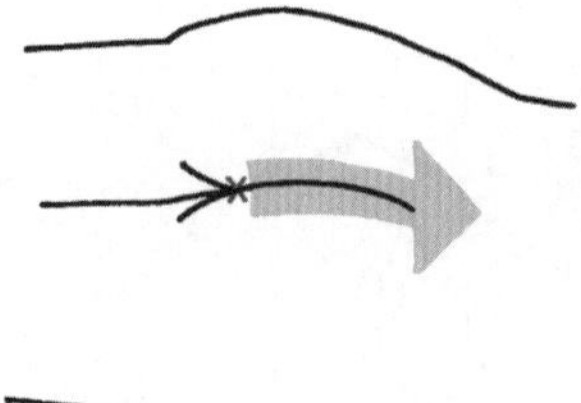

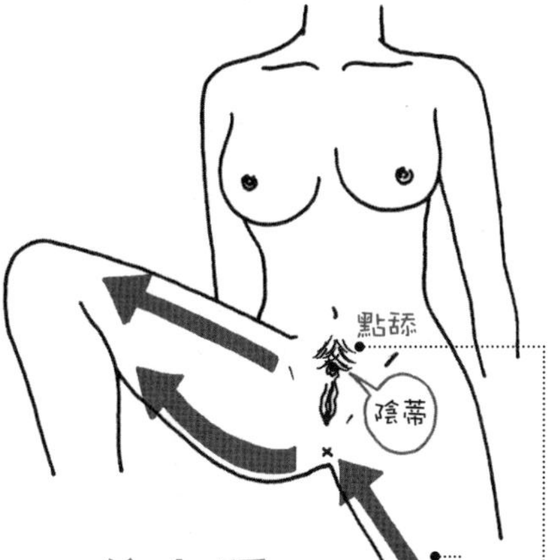

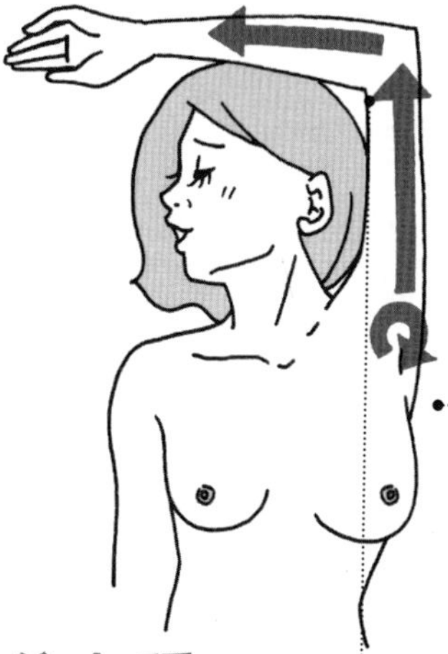

往上舔

大腿內側

舔舐性器官周邊簡直妙不可言。你可以坐在對方兩腿之間，然後溫柔地完全敞開她的雙腿，勾起對方的羞恥心，然後舌頭在性器官的周遭遊走。鼠蹊部（三角地帶）也是勾魂攝魄的快感地帶。

點舔

陰蒂

這個部位要跟其他地方分開來看待。兩手剝開覆蓋的表皮，舌尖抵住陰蒂，以非常微弱的加壓小幅度地舔動。只給七成的快感是重點。

往上舔

手臂

請對方將手臂輕鬆地張開，然後依序舔過上臂和前臂。用整面舌頭緊緊抵住，盡量拉長一次舔過的範圍，動作必須和緩而扎實。

旋轉舔

腋下

會癢的地方就代表很敏感。如果愛撫方式正確，就會變成最高等級的性感帶。這邊不是用舌尖點舔，而是用大面積的舌頭緊貼做旋轉舔，也可以讓口腔像吸盤般用力吸住。

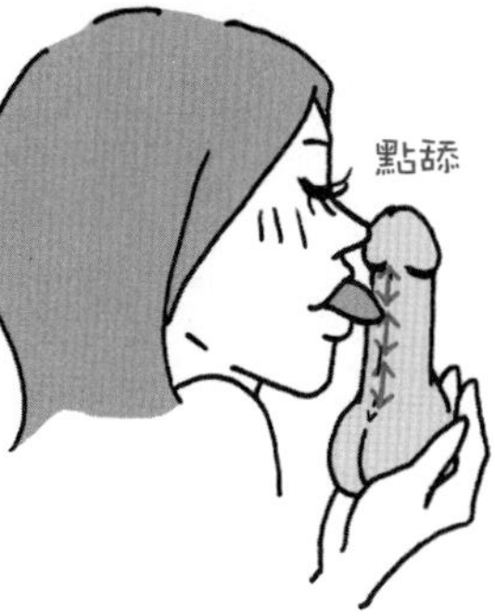

點舔

陰莖包皮繫帶

點舔包皮繫帶男性會非常喜愛。先用一隻手溫柔地捧起陰囊，然後輕輕舔舐包皮繫帶。往上舔也不錯，可將兩種舔法交叉運用。

甜咬愛撫法

口愛界的特異分子！讓人成癮的刺激！

與亞當撫觸的淡淡快感恰成對比，甜咬與搔抓可說是「動」愛撫界的雙雄。

「咬也是愛撫的一種？」有些人或許會感到驚訝。其實，心與身體的構造是很複雜的。乍看之下不像愛撫的行爲，也可能導向乾柴烈火。當中具代表性的，就

基本姿勢＆移動方式

1 先咬後拉

鎖定目標之後，就固定在這個位置，大大張口，咧開嘴角以露出更多牙齒，緩慢但確實地咬下。達到讓對方「又痛又舒服」的程度後放鬆力道，像在拉扯脂肪和皮膚一樣往上提，直到皮膚自然離開齒間。

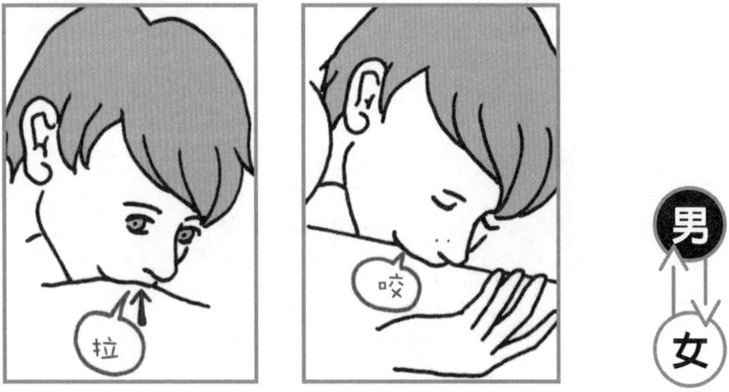

是甜咬。來，捨棄你先入爲主的觀念，朝尋找性感帶的旅程啓航吧！重點是「你咬下去」的這個事實。若對方不知道被咬，就不會產生如火蔓延的快感。咬肌肉、咬脂肪，或是咬其他敏感的部位，方法都不一樣。

♥ 效果

1 啃咬這種原始的愛情表現方式，讓腦部強烈興奮！

2 口腔的熱度和微微接觸到的舌頭觸感，帶來多重的感官享受。

3 女性也很容易上手，是雙人共撫不可或缺的技巧。

2 深咬

讓牙齒陷入的深咬，適用於肌肉較多的肩膀、大腿等部位。將嘴巴張大，用上下齒列含住，一邊想像牙齒陷入肌肉，一邊加壓。對於男性可以加重力道。

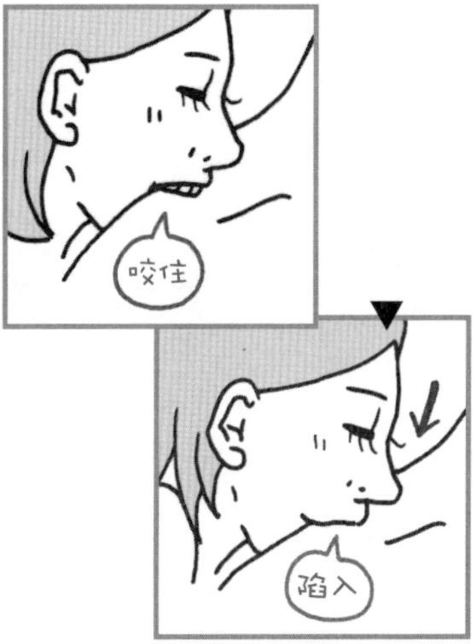

3 交替咬

針對大腿這種肌肉較多的部位，將嘴張大，上下排牙齒稍微關緊，然後東一口、西一口地交替咬下。對於比較大的肌肉組織，牙齒可以稍微陷入。不需要用力咬到留下齒印。

4 溫和咬

像耳垂這類纖細的部位，用上下牙齒咬可能會造成疼痛、帶來畏懼，所以建議用下唇包住下排牙齒，然後以上排牙齒和下唇來咬。

甜咬愛撫法【實踐篇】

愛撫的部位

深咬

頸側、肩膀

啃咬對方頸側肌肉，俗稱「吸血鬼式咬法」。不是真的大口咬下，而是讓對方感受你牙齒的觸感，重點在於這個動作給予對方被虐快感的意義與價值。

先咬後拉

手、手臂

針對小指下方肉比較厚的部位，因為有點遲鈍，所以力道可以稍微加強。前臂和上臂，則是咬肌肉比較鬆弛的部位。最後，在牙齒離開皮膚的過程要帶入夾起皮膚的感觸。

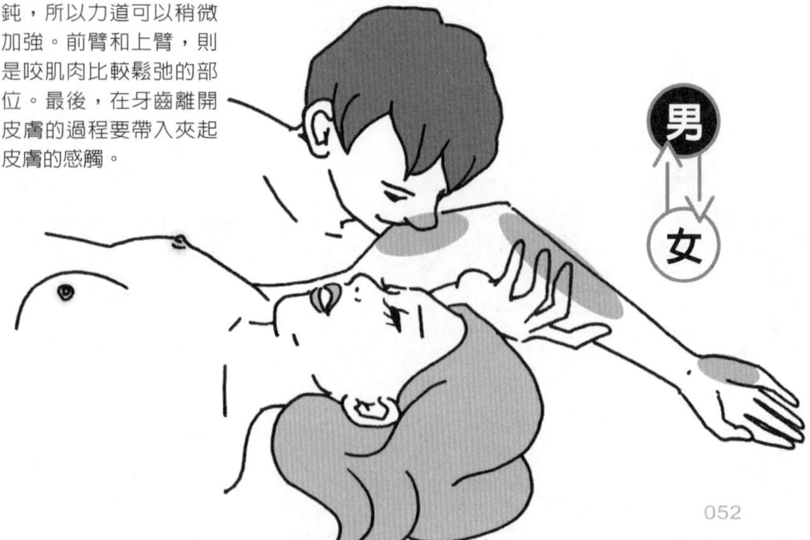

男
女

演出技巧

實際在雙人共撫或性行為中並不很常使用甜咬技巧。運用亞當撫觸或舔舐愛撫，讓對方一邊放鬆，一邊加深欲望的過程中，將甜咬當作適時的催化劑。

溫和咬

耳垂

用下唇包住下排牙齒，然後像含住耳垂一樣輕咬。用嘴巴夾住之後，可以輕輕扯動。同步運用舔舐愛撫效果加倍！

先咬後拉

屁股

一邊稱讚「看起來好可口的屁股」，一邊將手放上屁股，加壓固定住。記住咬的力道一定要輕，像是在疼愛對方的屁股一樣充滿憐惜。

先咬後拉

大腿

對於大腿內側使用先咬後拉，肌肉比較多的大腿表面則用交替咬最好。從大腿根部到膝蓋，一路咬下去。男性也很愛這一味喔！

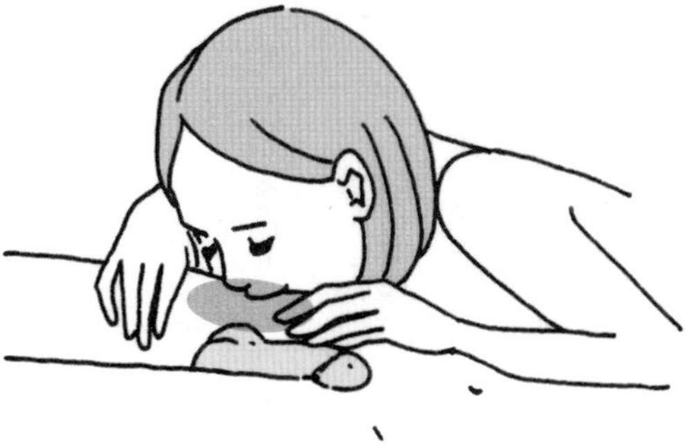

將溫柔化成欲望！

男性一生不可或缺的必修課

就算是熟悉的性感帶，也需要雙人共撫專用的技巧。
學習正確的技巧，引導你的愛人進入欲望樂園吧！

陰蒂、隆起的乳房、G點，這些當然都是男性沒有的部位。

因此，女性並不需要學習這些性感帶的愛撫技巧。相對來說，男性為了提升女性的情欲指數，這些技巧就變得無比重要。

在讀者當中，或許有人熟知緩慢性愛的各種技巧，但是一旦進入同時互相愛撫的「雙人共撫」，由於不再是以往以男性為主導的性愛，愛撫重點就變得很不一樣了。

比方說愛撫陰蒂的方式，基本技巧是「用兩手讓陰蒂完全暴露出來，以若有似無的撫壓高速愛撫」，但換作雙人共撫，因為幾乎沒有能同時用上兩隻手的場面，所以還需要學習「單手愛撫陰蒂」。只用右手剝開陰蒂的包皮，保持這個狀態，以指尖製造穩定的快感。根據不同的姿勢，讓陰蒂裸露的手靠在女性身體上的部位也會有所不同。此外，進行雙人共撫的時候，幾乎不可能用眼睛確認陰蒂的位置。因此，請務必趁這個機會學會單手技巧。

雙人共撫是不需要一直改變姿勢的。基本上，兩人是維持同樣的姿勢，緩慢地、細膩地互相愛撫，以提升彼此的性欲。但是，以乳房、乳頭的生理構造來說，在同樣部位持續愛撫十分、二十分鐘，反而會讓性感帶習慣了刺激，敏感度不升反降。解決這個困境的方法，就是我希望大家學習的「乳房循環愛撫」。將乳房、乳頭接收的快感壓低到三成，就不會出現敏感度下降的情形，反而越愛撫越有感覺，能帶給女性高檔的官能享受。

接下來要談的，是G點愛撫。或許大部分人都將它看成「保證尖叫的愛撫法」，但是如果在雙人共撫中大量刺激G點，最不樂見的結果就是「因爲已經達到高潮，雙人共撫隨之落幕」，或是在之後交合時，G點已經疲軟無力的狀況。正確的方式，是用一根中指插入，然後對G點施以舒服的加壓，就是最理想的「G點緩慢愛撫」。不要因爲以爲自己已經知道一些愛撫重點，就掉以輕心喔！

圖解
雙人愛撫的基本技巧

單手愛撫陰蒂

不會就糗大了 全天下男性的必修課！

以雙人共撫來說，實際上只會用到慣用手，所以學習單手愛撫是無可避免的。有三個重點：完全剝開包皮、露出陰蒂，指尖放對位置，還有穩定地給予不會疼痛的溫柔愛撫。這三點缺一不可，否則會造成對方的不滿足，甚至是疼痛。

接下來我將傳授確切的方法，請大家練習到矇著眼睛都可以靈活運用的程度！

實際操作

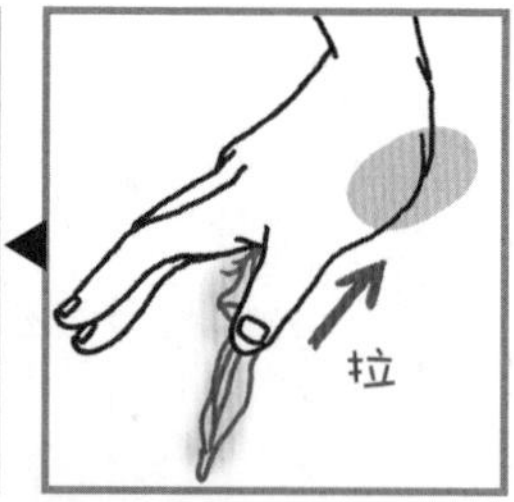

貼住再拉

用掌根（或是肉墊部位）隆起的地方，貼住陰蒂上方，保持密合狀態下往腹部拉扯。這個動作可以褪去陰蒂的包皮，請確實做好。

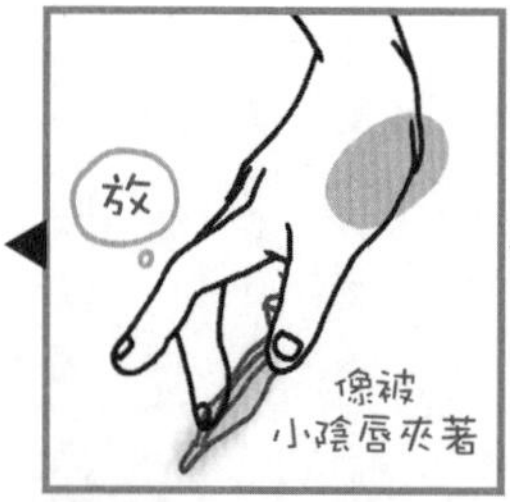

夾住

剝開包皮、露出陰蒂之後，手依然留在原地不動，接著中指在陰道口附近輕輕地放下，形成像夾在左右小陰唇之間的狀態。

男→女

接觸身體的部位

1 掌心根部

這個部位主要是為了支撐手部完成剝開包皮的重要任務，接下來的動作也都少不了它。手肘呈直角會比較方便愛撫。重點是要貼緊。

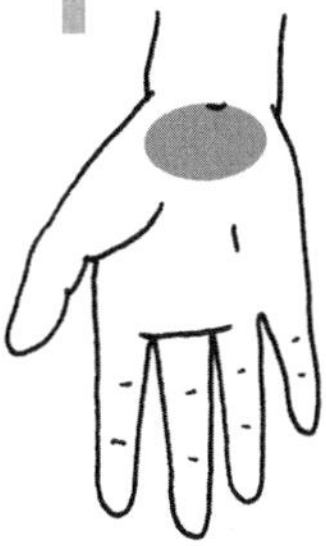

姿勢範例♥隨心所欲式 P90

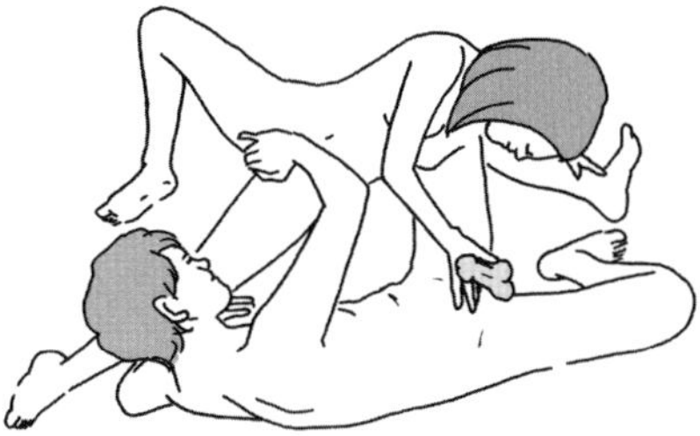

2 肉墊部位

採取手肘無法彎曲的共撫姿勢時，就輪到手指根部的肉墊上場了。不管在什麼情境下，這個支點都是關鍵。

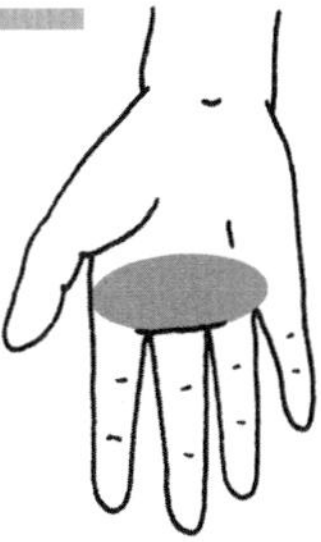

姿勢範例♥女神誘惑式 P92

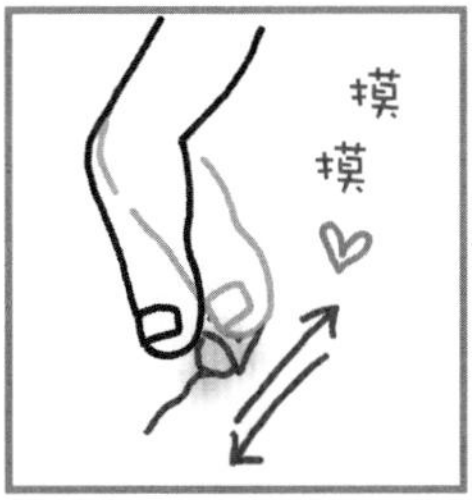

拉

維持指尖被小陰唇夾住的觸感，中指緩緩朝陰蒂方向直線移動。其他手指都保持不動。放鬆心情與力道，嘗試看看。

點擊

就這樣彎曲中指，直到遇到障礙，前方的圓形凸起就是陰蒂。如果沒摸對位置，女性會有種隔靴搔癢的不愉快感。碰到陰蒂之後，保持手的姿勢不動。

用指尖愛撫

需要動到的只有中指的關節。指尖以若有似無的撫壓上下撫摸。愛撫時指頭不要離開陰蒂，一下撫摸一下離開會造成疼痛。

圖解
雙人愛撫的基本技巧

乳房的循環愛撫

男→女

根據性構造原理 快感不降溫的循環

女性的乳頭非常敏感，同時也兼具了「容易習慣快感」的特質。以雙人共撫來說，有些姿勢不太容易照顧到胸部以外的部位，但是持續愛撫乳頭，身體會漸漸習慣快感。這個時候，我建議採用快感不降溫的乳房循環愛撫。用這種方式，胸部可以沉浸於快感超過十五分鐘！

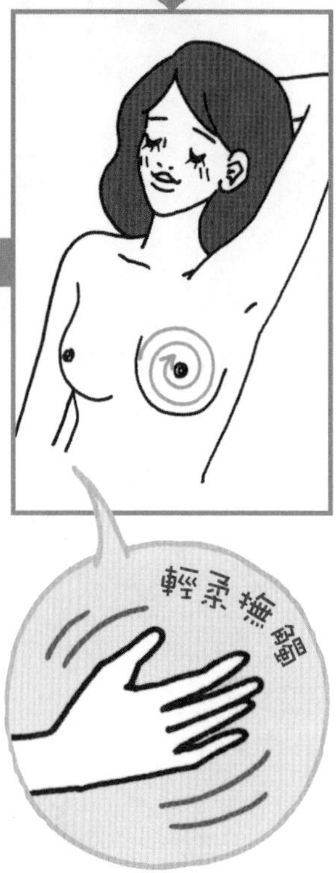

1 乳房的亞當撫觸

從乳房外側以順時針畫圓做亞當撫觸。隨著大圓慢慢變小，手也越來越接近乳暈，最後到達頂點附近。觸碰完乳暈之後，再回到外側，重複剛才的動作。就算對方嬌聲哀求你觸摸乳頭，也絕對不能心軟。

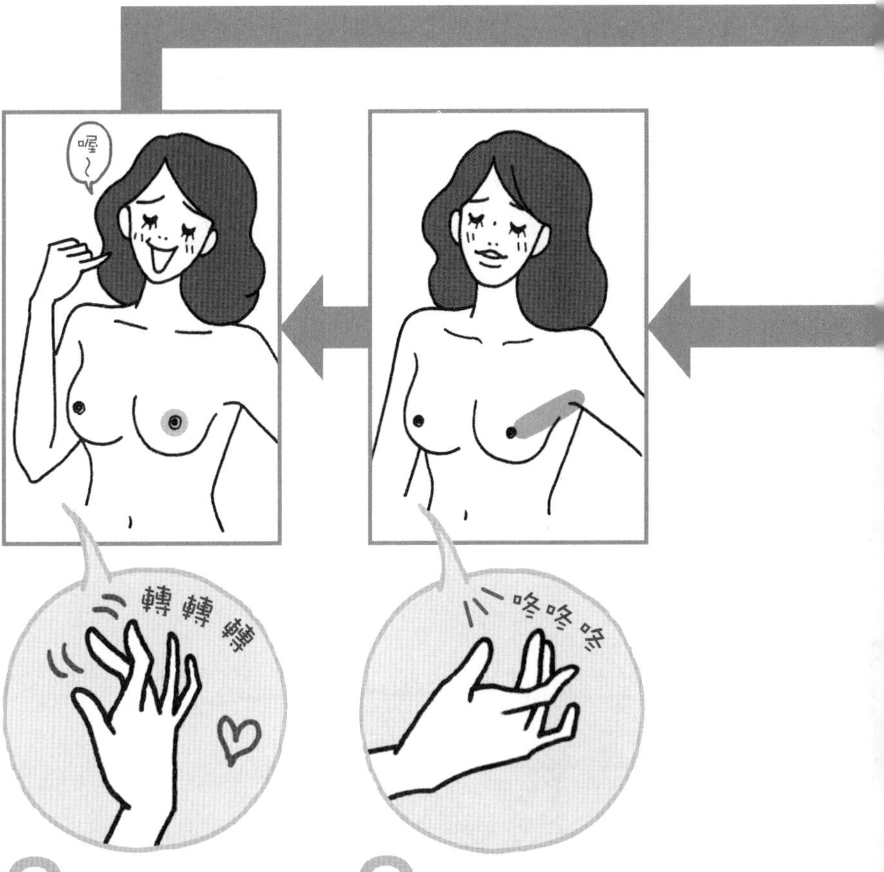

2 乳房的振動愛撫

脂肪裡是沒有神經的，所以揉得再努力它也不會變成性感帶。不過，腋下與乳頭相連的寬5公分區塊，卻在肌肉中隱藏著值得探索的性感帶，我們要刺激的就是這個部位。用中指和無名指略微用力地高速點擊，然後一邊慢慢位移。

3 乳頭的各種愛撫

女性最期待的就是乳頭愛撫。但第一輪只需要用中指輕輕撫摸，做亞當撫觸就夠了。第二輪再使出「中指輕揉」和「壓扁邊緣」帶來滿足感。第三輪可用輕拉愛撫和小跑步愛撫，種類相當繁多。有些女性的乳頭十分敏感，愛撫的同時一定要不斷詢問：「會不會痛？」

圖解
男性的必修技巧

G點的緩慢愛撫

男→女

太刺激會有反效果要「以柔克剛」！

若一方愛撫得太過頭，不小心讓對方達到高潮，一場性愛可能就這樣草草結束。尤其像G點這種「尖叫性感帶」，更應該小心翼翼。雙人共撫的精髓是「持續六～七成的快感」。一般愛撫G點時，是用食指和中指進行規律的加壓與振動；但在進行雙人共撫時，這對女性來說接收到的快感太強烈，所以改成使用一根中指的緩慢愛撫就夠了！

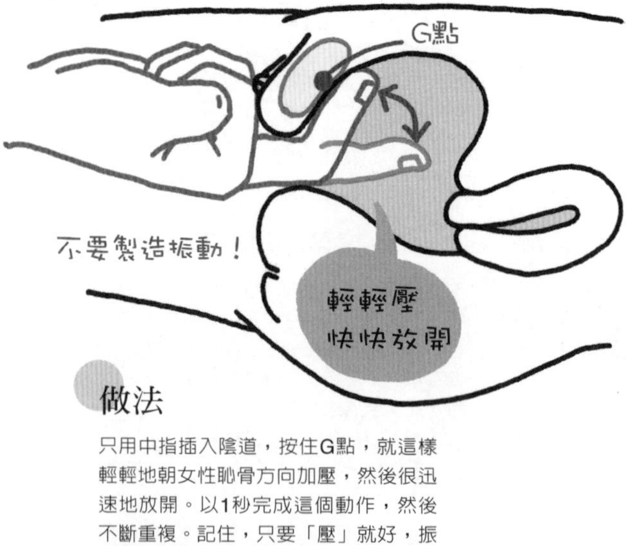

做法

只用中指插入陰道，按住G點，就這樣輕輕地朝女性恥骨方向加壓，然後很迅速地放開。以1秒完成這個動作，然後不斷重複。記住，只要「壓」就好，振動或是摩擦只會造成反效果！

圖解
男性的必修技巧

握手愛撫法

只有愛還不夠！讓氣交流也很重要

想讓心愛的她放下一切，最後沉醉在失神、癱軟的快感裡。爲了達成這個目標，男性從頭到尾都必須搭配這種愛撫法。它是一種傳達愛情的愛撫方式，少了它，不管你使出再高超的技巧，也可能讓對方心中殘存一絲寂寥。握手愛撫法不但能傳情達意，搭配穴道運氣，效果也很好。

男 → 女

做法

可以像右圖一樣輕輕握住女方的五根手指，也可以像下圖一樣十指交纏。請特意讓兩人掌心的勞宮穴相疊合，可以讓彼此的性能量達成循環，創造絕妙的效果。

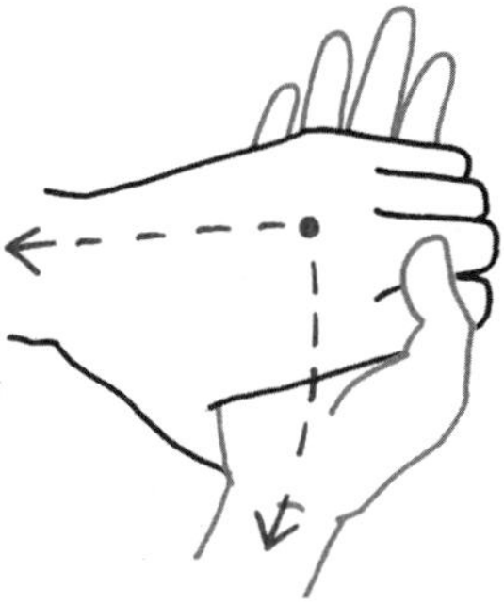

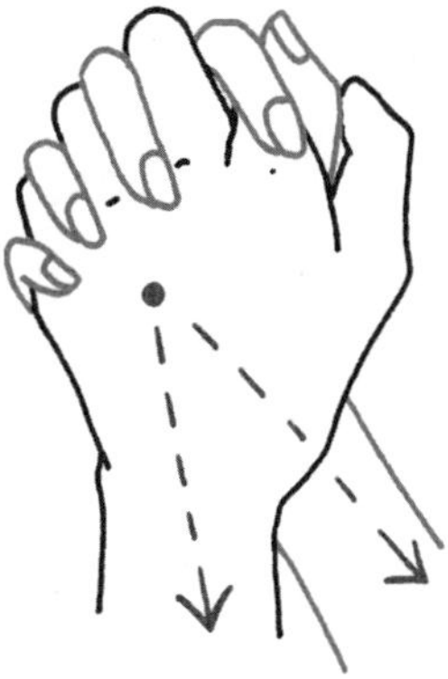

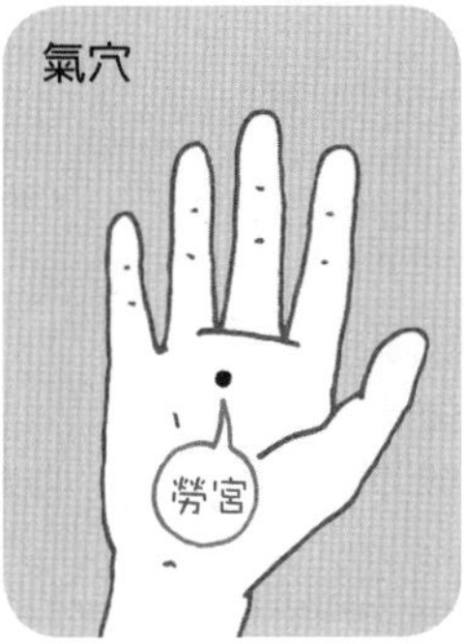

在緩慢的「雙人共撫」中，按摩精油比乳液好用。

用手愛撫陰莖或陰蒂時，如果手很乾燥，只會給對方造成疼痛。為了減少摩擦力，需要一些道具輔助，這時大部分人想到的都是乳液。但是，水溶性的乳液很快就會蒸發，變得黏黏的，很難推動，也會造成另一種疼痛。由於妨礙皮膚自然呼吸，有些人還會出現過敏現象。

比起乳液，我更推薦使用按摩精油。它就算經過長時間也不容易乾掉，一點點用量就可以撐很久。此外，因為它會自然滲透進皮膚裡面，不會造成負擔。以植物油為原料做成的溫和按摩油，是床笫間不可或缺的法寶。有了這一瓶，愛撫也能帶來戲劇化的效果！

由亞當・德永開發的性器官愛撫專用按摩精油，可在網站上購買：
http://www.adam-tokunaga.com/

第三章

雙人共撫的實踐招式

好舒服！怎麼做都不膩！

增長愛意的15種姿勢

從日常生活的親密接觸，到雙方性器官的愛撫遊戲，和精神大解放的肛門愛撫！

自由自在，隨意選擇最符合兩人當天狀況的「幸運官能招式」！

接下來將介紹兩人同時愛撫彼此的實踐招式，也可說是「雙人共撫」的「體位」。話說回來，雙人共撫的主要目的是「彼此慢慢感受六～七成的快感，在體內一點一點累積性能量（快感能量）」，所以和實際交合的體位不同，不需要每隔五分鐘、十分鐘就換一個姿勢。雖然有些招式多少會將重點放在局部，但基本上仍是「決定一種方式之後，就用這種姿勢嘗試各式愛撫，盡情享受」。先以充滿故事性的彩虹親吻讓雙方內心產生共鳴，再選擇適合兩人當天心情的姿勢，將時間拋在腦後，忘情地沉在這招式所創造的雲雨之樂。

這十五種招式，每一種都是我個人私底下相當喜歡，或是深獲性愛學校女性治療師的一致好評，學生們親身實踐之後也讚不絕口的祕技。換句話說，這些方法全都是經過實踐、加以驗證，而得到的精髓。沒有虛幻不實畫大餅之類的招式，讀者們可以放心嘗試。

我希望雙人共撫的入門伴侶先試試「調情纏眠式」。正如其名，這個方法是兩人並肩躺下，從輕鬆不勉強的體位開始，是個非常自然的招式。但兩人還是可以各自仰躺或側臥，在愛撫方法或部位上做變化，同時施予及享受各式各樣的快感。這個絕佳招式甚至可以用「快感萬花筒」來形容，它的愛撫技巧之豐富，無論男性、女性都能感到超滿足！只要熟練這個方法，作爲基本招式，在學習其他招式的共撫法也能輕鬆上手。就從「調情纏眠式」開始吧。

其他還有從背後感受男性包容及體貼的「甜蜜後抱式」、兩人開心尋找對方隱藏性感帶的「亞當遊戲式」，以及呈現出彼此性器官、令人情欲高漲的「隨心所欲式」等等，應有盡有！

這比遊樂園還好玩，比泡溫泉更療癒。在專屬於兩人的私密時間裡，就以最適合彼此的方式來享受，進一步培養穩定、深厚的情感。

最後要提醒大家，雙人共撫要用到兩樣道具：亞當撫觸所需的爽身粉，還有減少摩擦、提高快感的按摩精油，這兩項是必需品，也都是在便利商店或藥房就能買到的一般商品，務必事先準備好。

圖解
雙人共撫15式

第1式 調情纏眠式

方向一變快感也不同 身心合而爲一的開始

不管在睡前或起床時，想確認彼此的「愛意」，展開一段美妙時光，這個方式最爲理想。兩人並肩躺下，不但接受同時給予愛撫，將身心帶到最高峰，享受著這段愛的劇情，直到兩人轉向面對面。然而，只要稍微換個姿勢，就能改變愛撫的部位和方式。請熟知STEP1～4各階段，徹底學習。首先，就用下方的插圖來了解整體流程。

STEP 1　就從輕柔體貼的親吻開始 享受淡淡快感的愛戀時光

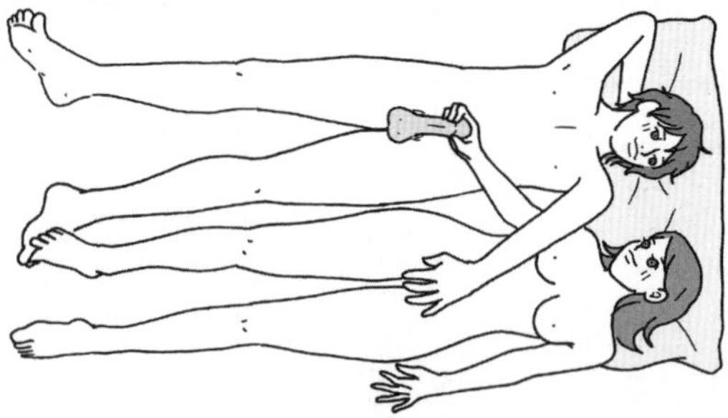

STEP 2　男性擴大右手的活動範圍 女性挑戰喚起另一半陰莖

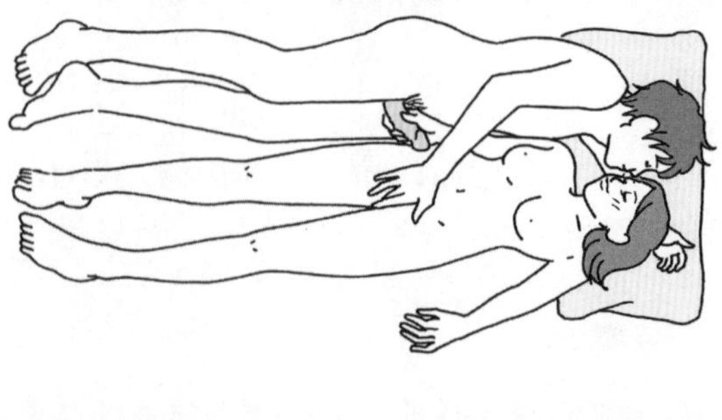

推薦給這樣的男女

推薦給想愛、也想被愛的所有伴侶。請務必將這方法當作兩人的基本招式，邁進緩慢性愛的世界。

貢獻度

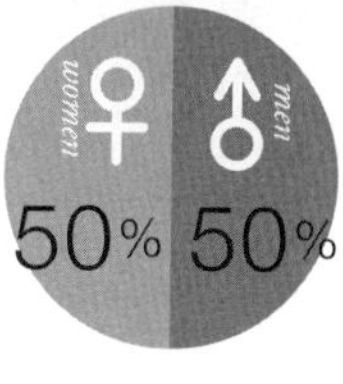

兩人都能以各自的步驟愛撫對方，是相當理想的雙人共撫法。彼此相愛吧！

男→女

除了單手愛撫陰蒂，還有許多像是亞當觸撫的基本技巧。不過得先有個認知，就是別急著貪溺快感，必須兩人一起編織愛的劇本，絕對不要淨想著要讓女生達到高潮。

女→男

就算對方苦苦要求觸碰陰莖，也嚴禁給予強烈刺激。重點在於愛撫陰莖的手，從右手換到左手的STEP 3。配合對方的呼吸，逐漸增加刺激的強度。

STEP 3　一旦開啓通往官能的大門 女性把手從右側換到左側

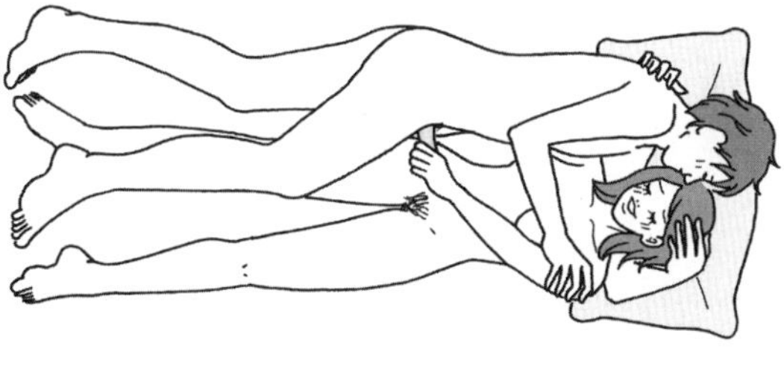

STEP 4　到此兩人終於得以面對面 邁向無限美妙的快感之旅！

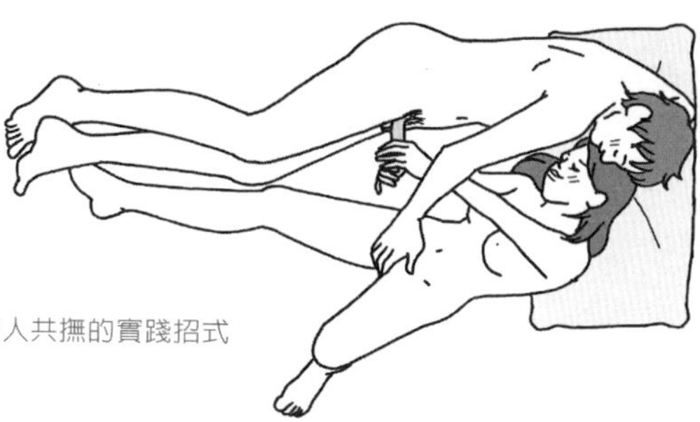

下一頁將有詳盡說明。

STEP 1

充分享受溫柔的愛與快感！最適合作爲雙人共撫入門

在這階段，與其讓對方「有快感」，不如輕柔撫觸對方身體，傳達愛意，珍惜這種細膩的感性。首先，就從尊重對方的讚美言語開始。接著，別猴急的直接觸摸性器官，先以彩虹親吻或亞當撫觸展開愛撫。以五分鐘左右爲宜。

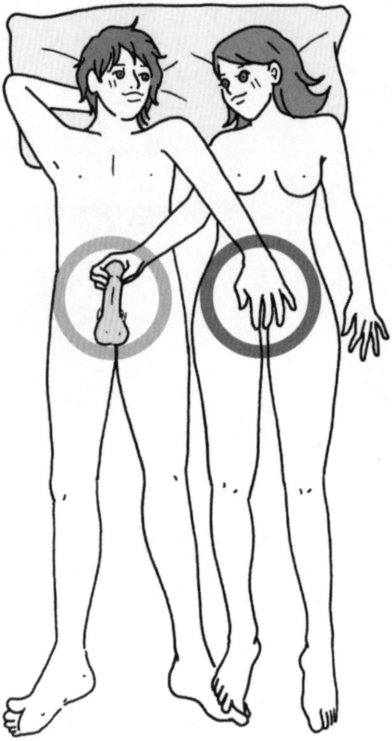

兩人

用拇趾深吻

腳趾也是亞當撫觸中很受歡迎的性感帶。兩人拇趾就像深吻一般交纏，插入趾縫的感覺也會令人想入非非。

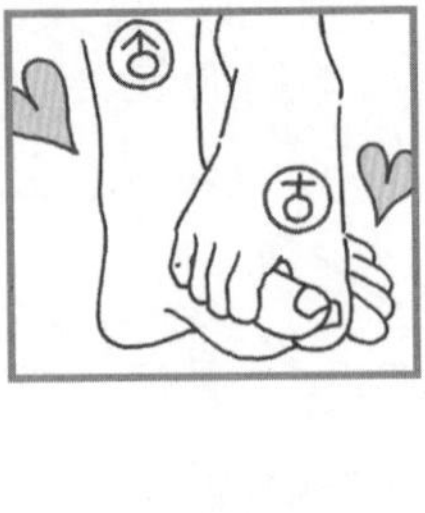

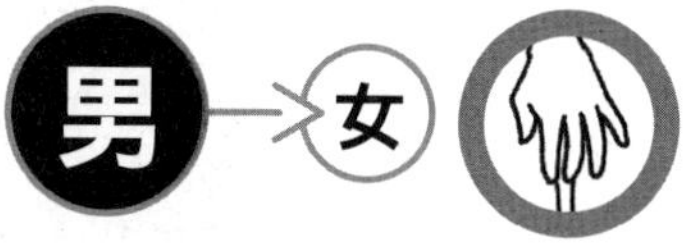

中指愛撫陰蒂

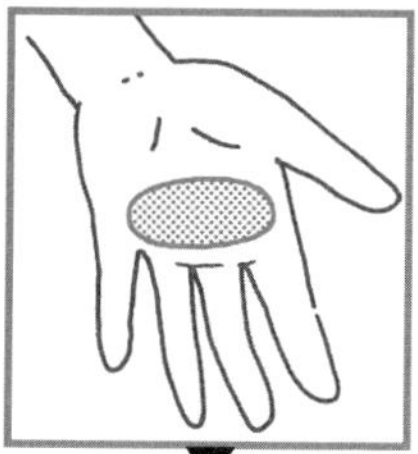

採取這個體位時，以左掌肉墊部分貼著女性恥骨，讓陰蒂露出來。這是重要關鍵。

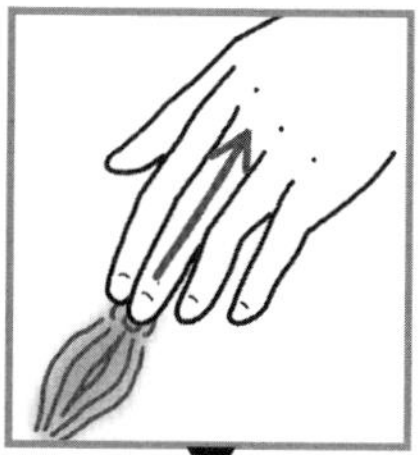

將肉墊部分貼在陰蒂正上方，緩緩往前拉。露出來之後就固定好手的位置。

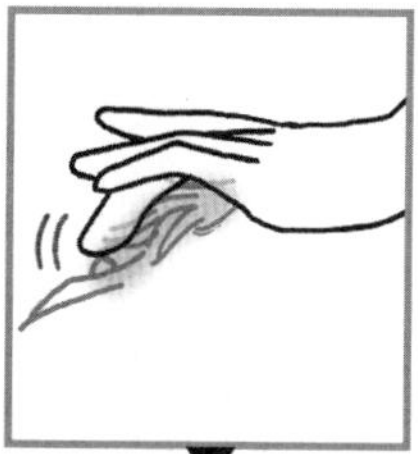

用中指愛撫。這個部位非常敏感，愛撫的力道要比自己想像的還輕柔十倍才行！

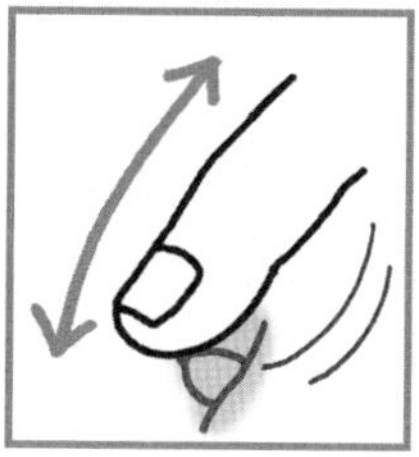

指尖一下按壓、一下拿開會很痛。必須像撫摸陰蒂的某一部位似的，持續輕柔的愛撫。

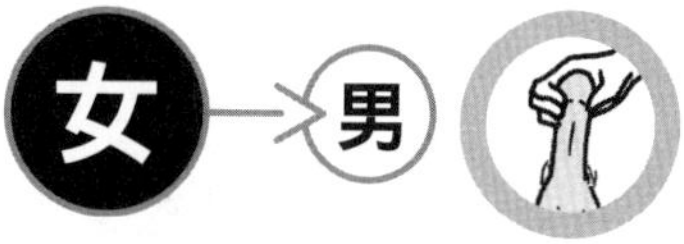

喚醒陰莖

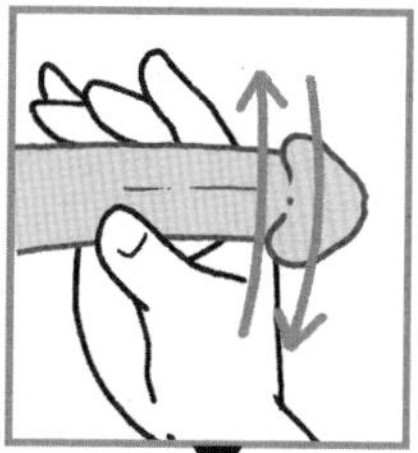

輕輕扶著勃起前的陰莖。手指夾住根部，緩緩地左右搖晃。

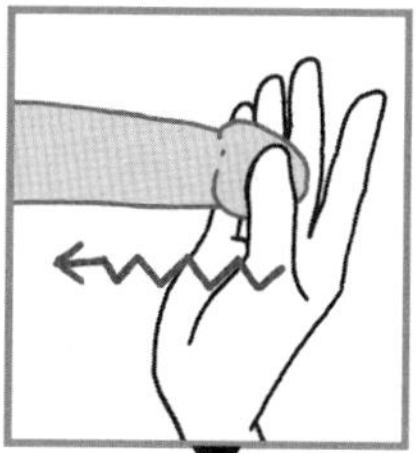

逐漸脹大之後，把手擺成ㄈ字形，從陰莖到龜頭左右震動。震動的幅度要小，速度要快！

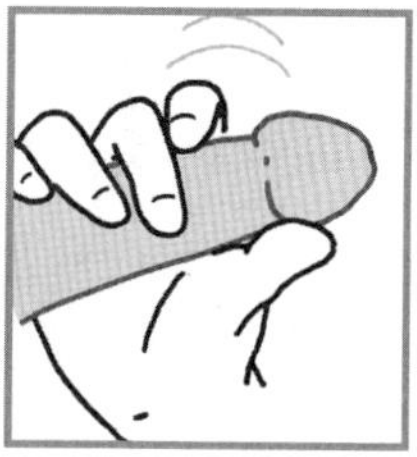

絕對嚴禁在勃起時立刻給予強烈刺激。以若有似無的亞當撫觸法，充分愛撫整根陰莖。

STEP 2

男性擴大右手的活動範圍 女性挑戰喚起另一半陰莖

接下來進入男性側身，女性依舊仰躺的姿勢。男性請將愛撫的手從左手換到右手。除了針對女性的性器官之外，也可以對乳頭和臉部等施以亞當撫觸。不僅用手愛撫，還能摩擦大腿，用全身感受對方的體溫、膚觸。

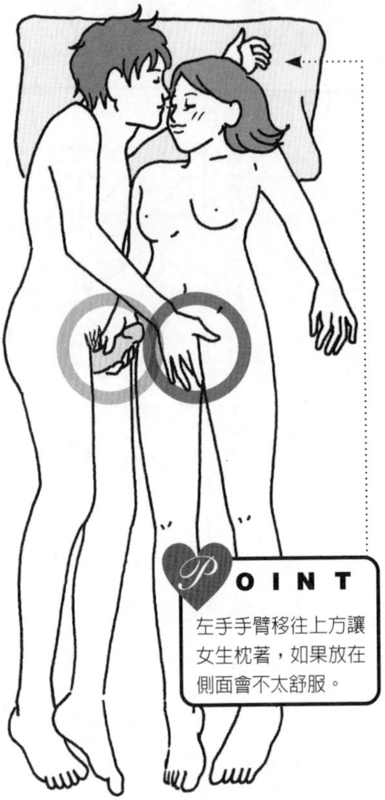

POINT

左手手臂移往上方讓女生枕著，如果放在側面會不太舒服。

兩人

互舔耳朵

建議親吻和舔耳。不過，別讓口水流進耳朵，用嘴唇觸碰或親吻的方式互舔。

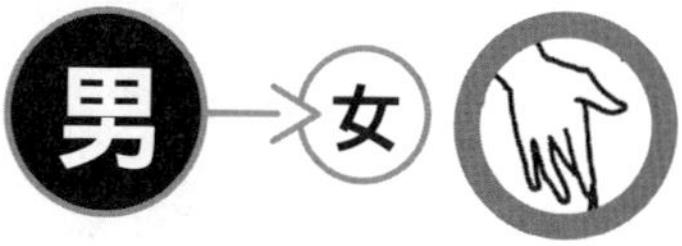

臉部周圍的亞當撫觸

臉部是內行人才知道的優質性感帶。請帶著疼惜，依照右圖順序為女伴進行亞當撫觸。

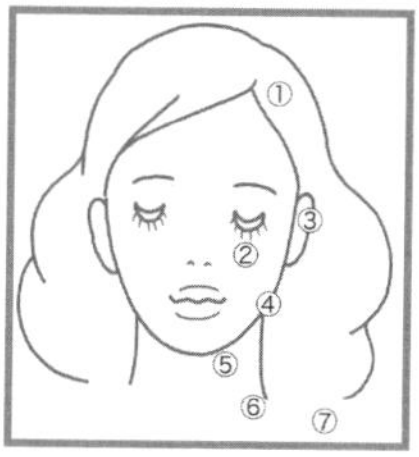

愛撫乳頭

用食指和中指壓迫乳頭側面，外加大拇指指腹若有似無的亞當撫觸，構成複合式愛撫。

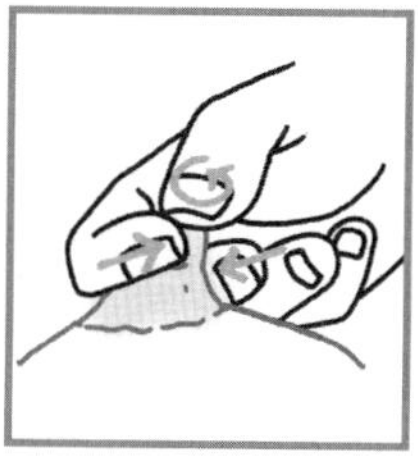

單手愛撫陰蒂

用手掌根部隆起的部分貼近陰蒂抬高，掀開外皮。

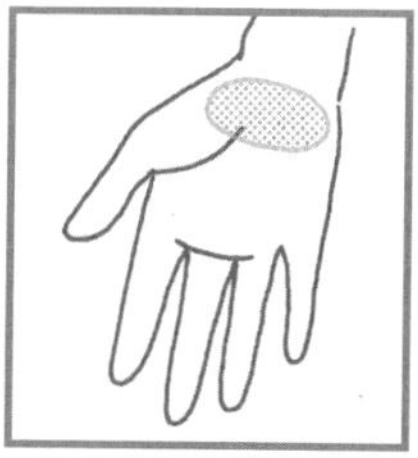

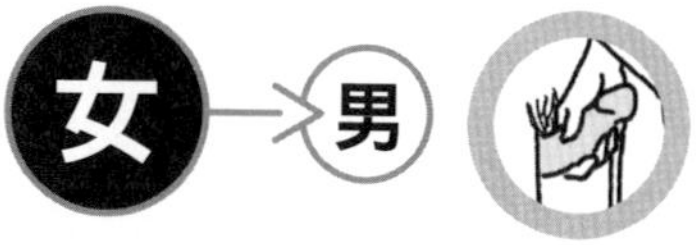

喚醒陰莖進階篇

將陰莖放在手指中央，像招手一樣上下晃動，這叫作招手震動愛撫法。輕輕的震動即可。

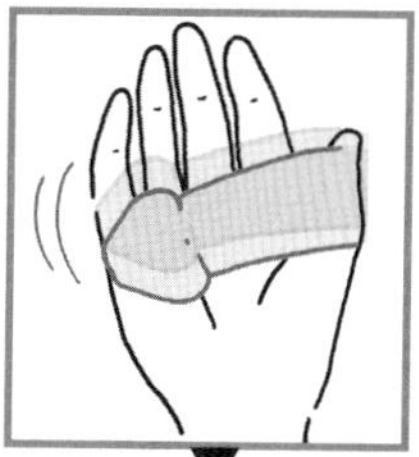

以濕潤的手握著龜頭，這是男性很喜歡的「捏捏愛撫法」。務必要先塗上按摩精油。

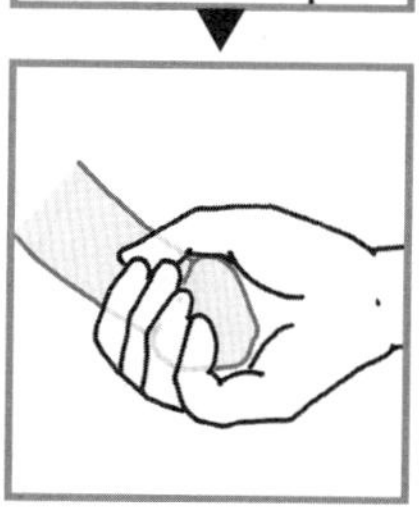

愛撫乳頭

一開始用隱隱約約的亞當撫觸法，慢慢地畫圈愛撫，範圍包含乳暈、乳頭。

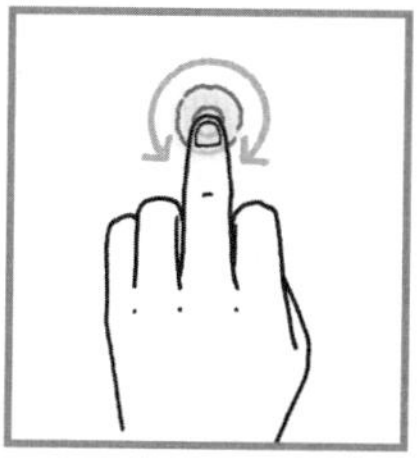

由於男性的乳頭較遲鈍，可稍微強烈的愛撫。用指甲輕輕搔弄，會讓男生開心得扭動全身。

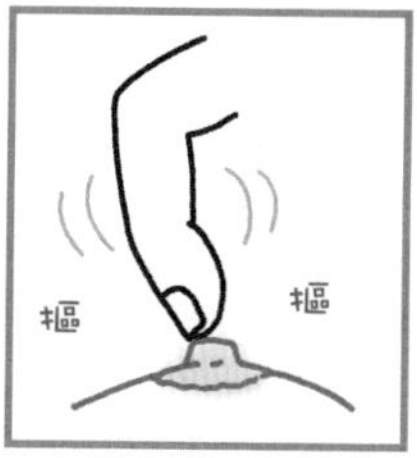

STEP 3

一旦開啓通往官能的大門 女性把手從右側換到左側

接下來，男生直接轉向半身包覆的姿勢。這姿勢會讓人感覺是由男性主導，但實際上可以讓女性爲男伴以各式各樣的手法愛撫。雖然心情上處於被動，還是可運用雙手讓心愛的他享受快感。

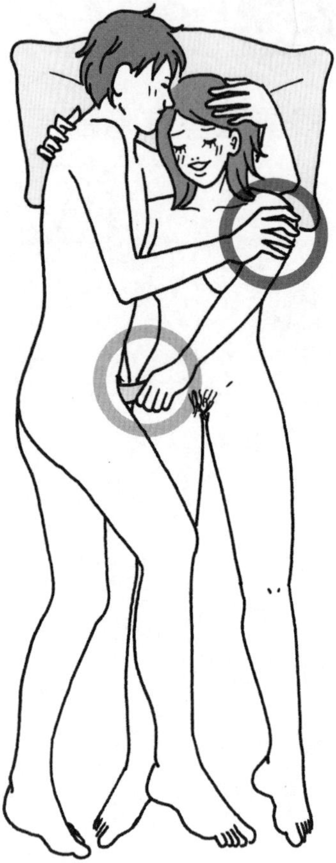

兩人

陰莖親吻

將女性舌頭當作陰莖，男性口腔當作陰道插入的虛擬性愛。訣竅就在於舌頭完全不施力，保持動作輕柔。

男→女

讓性感蔓延全身的愛撫

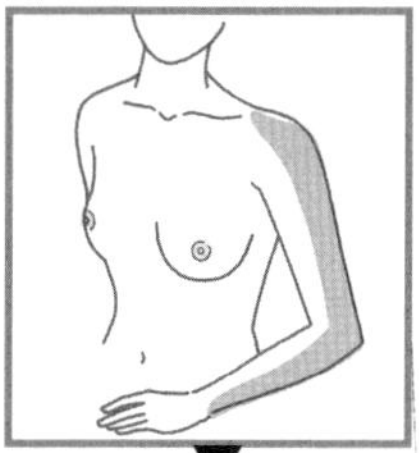

若只將精神放在性器官上，有時不免令人感到空虛。以亞當撫觸法從肩膀愛撫到手腕，讓身心合而為一。

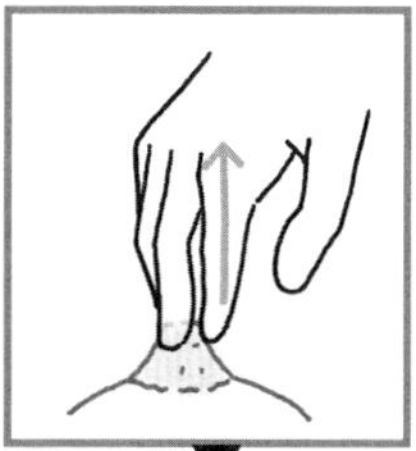

愛撫左乳頭。用中指和食指夾住輕拉，手法有多種變化。

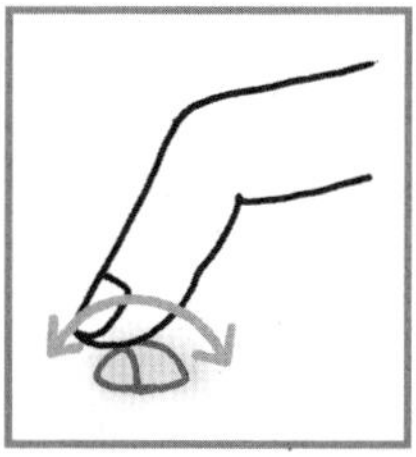

用右手中指愛撫陰蒂，以持續給予六成快感的感覺。如果不夠濕潤，可搭配使用按摩精油。

女→男

螺旋愛撫法

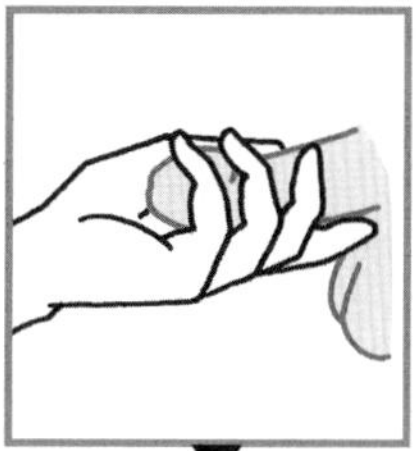

痛快到幾近昏厥的高級技巧！不過一定要搭配使用按摩精油，可以把手當成陰道。

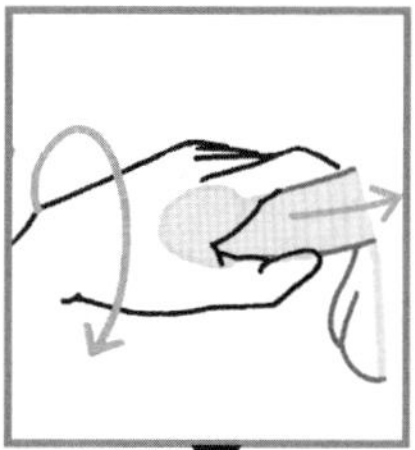

適度緊握，以順時針方向輕扭，一邊朝根部推進。如果能發出插入陰道時的呻吟更棒。

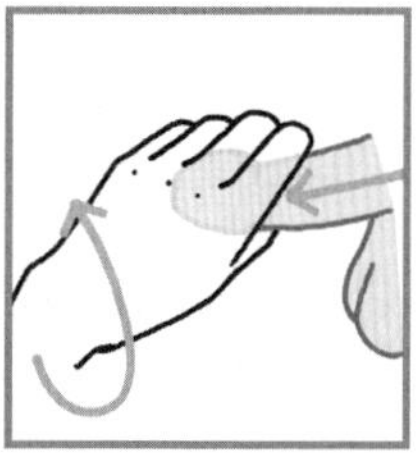

接著再逆時針扭轉手腕，往外拉。這幾個動作如果太快、太用力，都會導致射精哦。

背部用亞當撫觸法

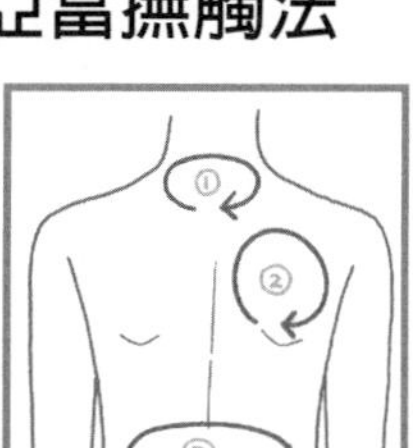

後方有亞當撫觸帶來淡淡快感，加上前方愛撫陰莖的強烈刺激。請務必嘗試這種快感三明治大作戰！

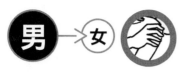

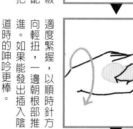

STEP 4

到此兩人終於得以面對面邁向無限美妙的快感之旅！

來到調情纏眠式的最高峰，兩人完全面對面，貪婪地享受快感。男性也能盡情「在呻吟中」享樂。這階段以雙手的自由度爲最優先，訣竅就在於身體稍稍離開，以方便動作進行。女性可以將左腳彎曲成く字形，張開大腿讓男性容易愛撫自己的性器官。

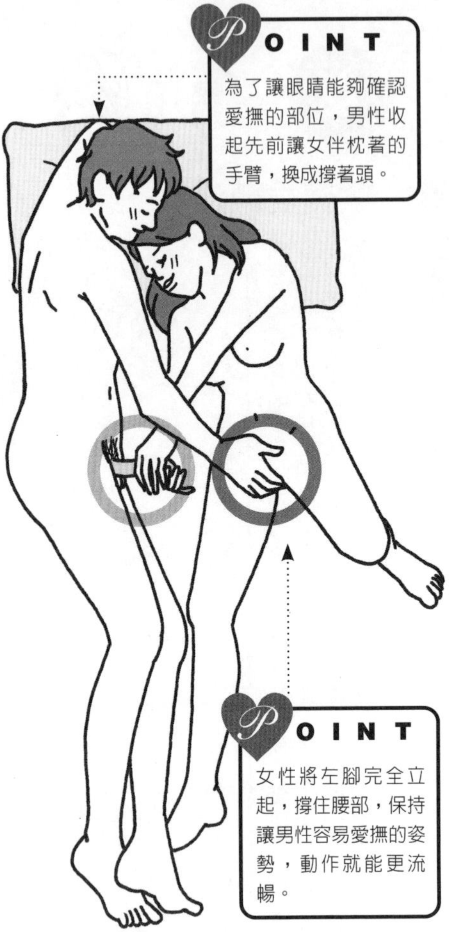
POINT
為了讓眼睛能夠確認愛撫的部位，男性收起先前讓女伴枕著的手臂，換成撐著頭。
POINT
女性將左腳完全立起，撐住腰部，保持讓男性容易愛撫的姿勢，動作就能更流暢。

接下來的發展……

緩慢性愛開始！

在充分享受完「調情纏眠式」之後，也可直接依照右圖的姿勢，進入由男性主導的亞當撫觸。

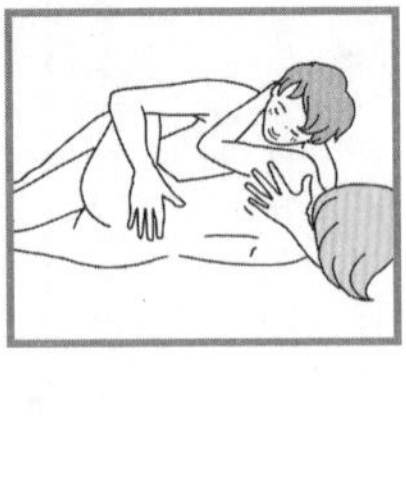

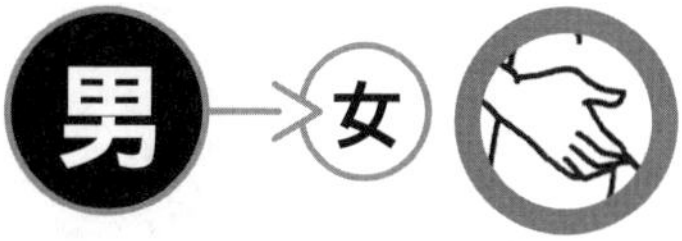

愛撫陰道

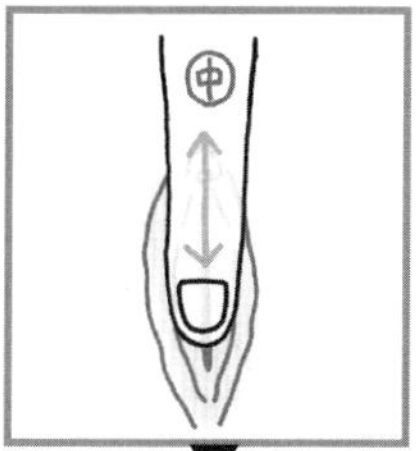

絕對不可以一開始就插入手指！讓兩側小陰唇夾住整根中指，不施加一絲壓力，上下緩慢的輕撫一分鐘。

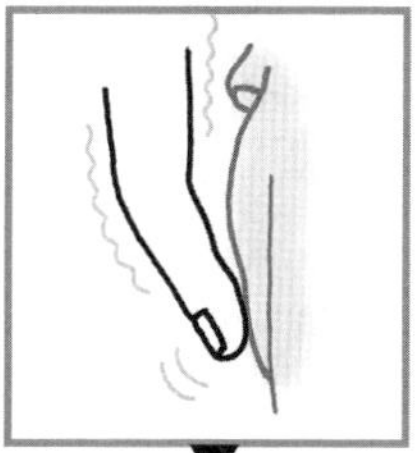

中指指腹緊貼著陰道入口，晃動手腕營造細微的震動效果。手法盡可能輕柔！

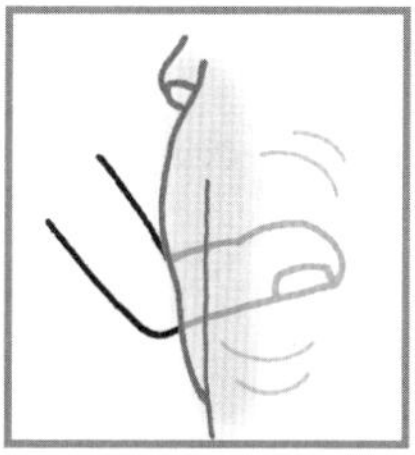

等到對方身心都已做好準備，再插入中指的第一～二指節，微微擺動愛撫。速度放慢喔！

挑逗陰蒂

這個階段要做到「吊足對方胃口」。先在左右周圍或外皮上撫摸，讓對方心癢難耐之後，再進入陰蒂愛撫。

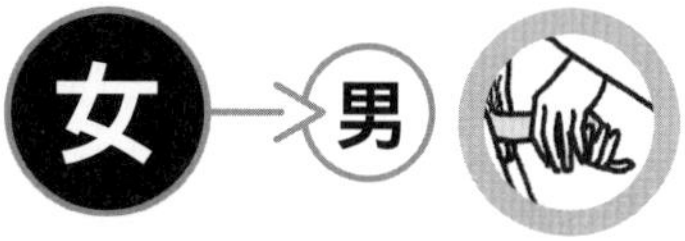

瓶蓋愛撫法

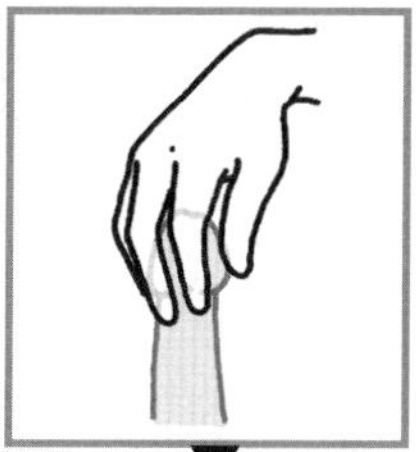

不光是用手指套弄，要嘗試形形色色的愛撫法。用五根手指指腹包覆著整個龜頭。

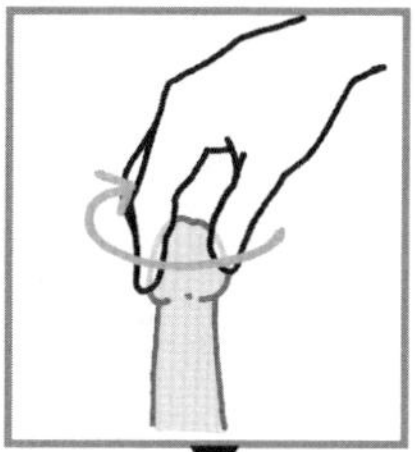

一隻手撐住陰莖，另一隻手像開寶特瓶瓶蓋的手法，在龜頭周圍旋轉。

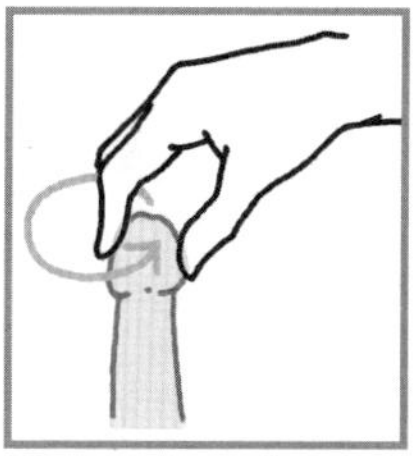

稍微快一點更有效果。也可以上下摩擦龜頭冠。記得塗用按摩精油。

第2式 甜蜜後抱式

籠罩在他滿滿的愛中 獻上螺旋愛撫

「跟心愛的他懶洋洋地躺在床上，會不會有種身在雲端、酥軟甜蜜的感覺呢？」這樣的伴侶最適合在維持「後抱」的姿勢下享受雙人共撫。其舒服的程度自然不在話下，男性還可以從中展現包容及強壯可靠的魅力，也能感受到女性身體的

推薦給這樣的男女

最適合不會立刻乾柴烈火進入激烈性愛，而想要感受心心相印、合而為一幸福感的伴侶。

貢獻度

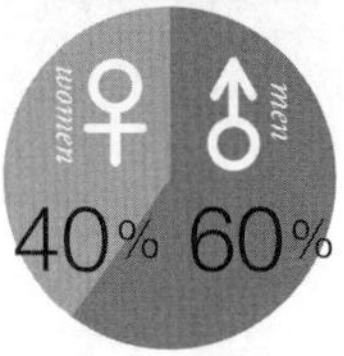

就姿勢而言，男性會稍微負擔大一點。因為這個招式不需要太細節的動作，在半夢半醒間開始也無妨。

男→女

不要一開始就強烈愛撫，以亞當撫觸法輕撫手臂、大腿，也可以輕吻背部和頸部，或是隱約拂觸女伴性器官，慢慢開始。這個方式要靠雙方合作，等到兩人體溫上升後，再一步一步進入愛撫乳頭，或是單手愛撫陰蒂的步驟。

女→男

一樣先從大腿或鼠蹊部展開亞當撫觸法，或是輕拂陰毛之後，再對陰莖進行亞當撫觸，也就是先從輕柔的愛撫開始。等到陰莖蠢蠢欲動時再塗上按摩精油，接下來緩緩獻上螺旋愛撫當作禮物。

纖柔與細緻，我個人非常喜歡這招式。

比方在一個捨不得起床的週末早晨，一面感受他從背後擁抱的濃情蜜意，隨性愉快地，不一定要誰主動，就在不知不覺中展開。聽起來很隨便，但這種輕鬆的氣氛正是深層快感不可缺的要素。讓心靈節奏配合身體高漲的情欲，忘卻時間，在輕飄飄、甜膩膩的氛圍中一起融化。只不過，愛撫本身還是一定要做得確實才行。爲了在愛撫時不用再花腦筋思考，平常徹底練習很重要。

能夠發揮的技巧越多，兩人的性愛也越自由豐富。

○甜蜜後抱式

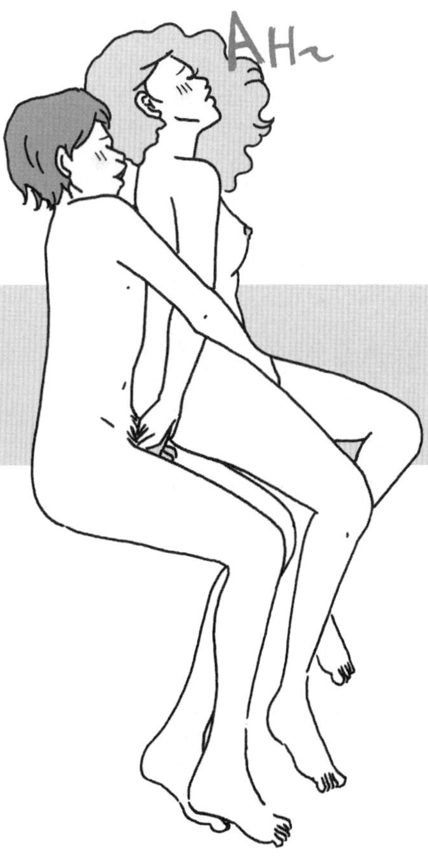

第3式 慵懶沙發式

推薦給這樣的男女

喜歡在家中看電影約會的情侶，或是珍惜孩子就寢後兩人時光的夫妻，以及想將性愛場地拓展到床外的伴侶。

在日常生活中上演限制級私密時光

　性愛不是一定要兩人躺在床上，說好「來做愛吧！」才能開始。坐在沙發上，吃著美味的蛋糕，不知不覺、很自然地進入狀況。不妨享受一下這類融入日常生活愛的精采表現。

　腦子不必思考著「打得火熱之後得移到床上，接著

貢獻度

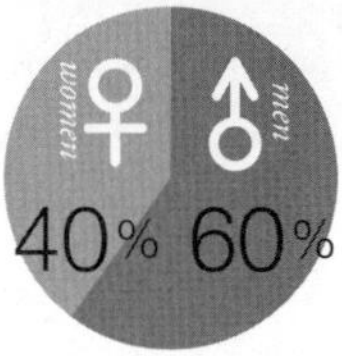

輕描淡寫地引導，將女生的右腳放到自己腿上，基本上由男性主導。記得別急躁，要慢慢來。

男→女

左手像要輕柔環抱女生肩膀一樣繞到後方，可以讓姿勢變得輕鬆些。從頭髮的亞當撫觸開始，慢慢脫下外衣營造火熱的氣氛。引導將女生的腳放到自己大腿上，讓女生雙腳張開。右手輕輕愛撫小陰唇、陰蒂、乳房、乳頭等部位。

女→男

起先用左手隔著上衣對著男性乳頭輕輕搵弄，然後掀開衣服，直接接觸肌膚。右手輕輕觸壓龜頭部位愛撫。展現愛的一刻就在拉下男生長褲拉鍊的瞬間，要表現出自己興奮的情緒，不要隱藏。

使出哪些招式」，就在沙發上悠閒共享這段時光，珍惜彼此。

宛如用兩小時細細訴說一個故事的電影，絕不要顯得急躁，就在解開對方一顆顆衣釦、鉤釦的同時，感受興奮和喜悅，盡情展現魅力。不過，一旦啓動情欲開關，就不可以再說說笑笑，要完全融入情欲氣氛中，走進只有兩人的祕密世界。

爲了不讓性愛流於形式，或爲了避免無性生活而使用SM的特殊招式，其實大可不必。不用把性愛想得太特別，如果可以打造出就像握手、對話那樣自然的做愛環境，更能提高效果，這才是預防性愛流於形式的最好方法。

◯慵懶沙發式

圖解

雙人共撫15式

第4式 櫻桃逗逗式

將想像力化爲快感！大人的「禁忌遊戲」

我們都知道，負責感覺的器官是腦部。能將腦部接收到的刺激變得更豐富，是人類獨有的能力，這就叫作想像力。

這個招式是雙方乳頭互相摩擦的同時，一起感受情欲或隱隱約約的刺激，是一種非常有創意的「成人遊

推薦給這樣的男女

想像力豐富的伴侶一定要試試！覺得另一半在愛撫乳房、乳頭時過於用力的女性，可以趁這個機會讓對方了解這種纖細的快感。

貢獻度

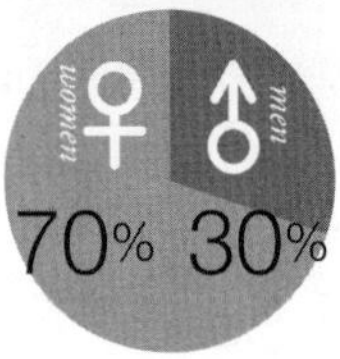

女性在上方，讓乳房垂下。適度的彈性給予恰到好處的刺激，外加由女性主導，興奮度直線飆升。

男→女

把手放在女性骨盤，幫助另一半活動。不用羞於在意視覺上的快感，直接將那份喜悅用聲音和表情展現出來。但是不可以插入陰莖，交合是之後的事，請期待接下來一步步的進展。對控制性欲沒有自信的男性，建議穿著內褲。

女→男

僅以乳頭挑逗地接近，光靠腰部扭動，讓乳頭像畫圓似地摩擦，並讓男伴看到兩人乳頭相觸的模樣。如果雙方都留有陰毛，輕輕觸碰也很刺激。不過要留意別讓注意力反客為主，轉移到下半身。把自己當成女星，呼吸之間發出嬌喘更能炒熱氣氛！

戲」。務必要由女性來主導。

不用雙手、嘴巴，也不用性器官，就以突出的乳頭、扭動的身軀引導兩人到達震動腦髓般的快感。跨坐在沙發上的男伴身上，用妳的乳頭輕觸、按壓男性小小的乳頭。關鍵就在全身只靠腰部來活動，這簡直就是性感百分百的展現！

此外，這個招式最棒的地方，就是藉由乳頭和乳頭間細微的導線，讓彼此性能量得以交流，因爲乳頭是性能量的出入口之一。比較敏感的人，大概只要幾分鐘，就能讓生產性能量的仙骨周圍熱了起來。試著留意這點，忘情沉浸在其中。

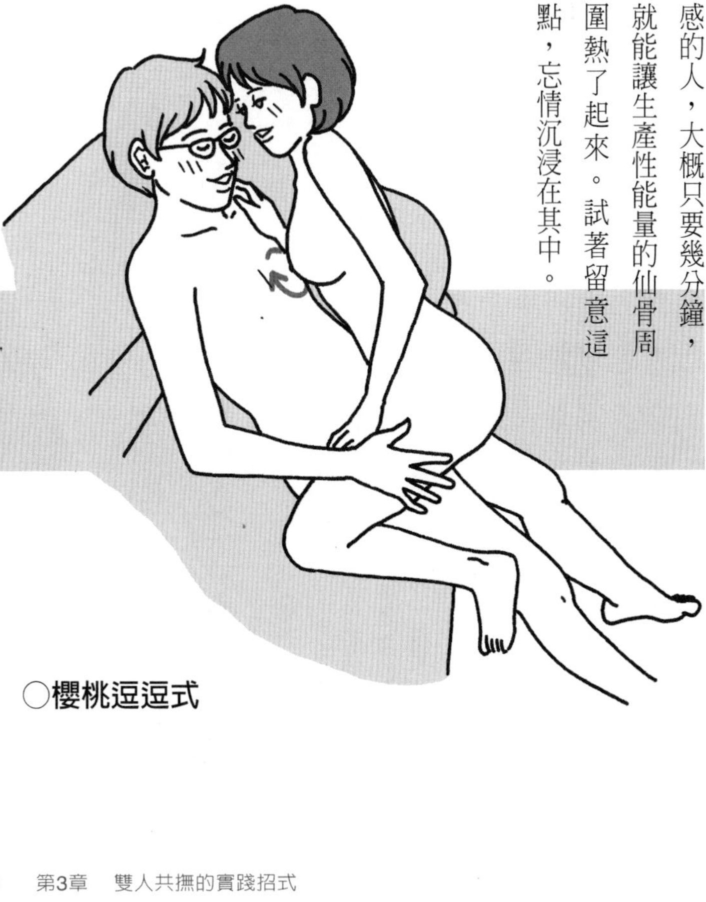

○櫻桃逗逗式

第5式 公主挑情式

展現出濃情蜜意寵愛女生的方式

這招濃情滿分的可愛雙人共撫，能夠使當天的不愉快和疲勞一掃而空。像被「公主抱」一樣，坐在男方大腿上，不愛撫陰莖，而將注意力放在愛的對話，或是浪漫的彩虹親吻，以及臉部、上半身的亞當撫觸和乳頭愛撫等等，是個能充分愛

推薦給這樣的男女

喜歡童話故事的伴侶一定要試試，此外也適合難得讓男伴寵愛的女性，以及想展現包容力的男性。出於這個方式不能愛撫陰莖，對預防早洩也很有效。

貢獻度

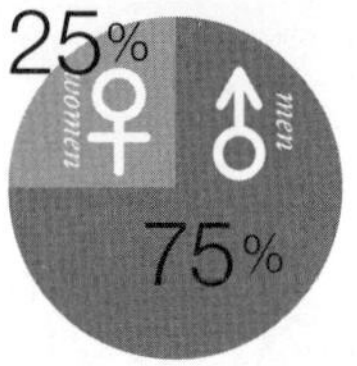

如果會因承擔女生重量而感到高興，貢獻度就成了雙方各半。享受甜美愉悅的時光吧。

男→女

「來這裡坐坐。」由男性溫柔提出邀請。在愛的對話與親吻之後，以左手對大腿做亞當撫觸，然後順勢愛撫乳頭，並輕輕放進內褲裡，愛撫小陰唇或陰蒂。至於在背後的右手則持續亞當撫觸，用你的愛意來感動對方。

女→男

即便是不好意思撒嬌的女性也別擔心。撒嬌同時還能確實讓對方有感覺，正是這個招式的優點，所以就放開胸懷享受吧！解開對方上衣釦子，用大拇指和中指揪住、輕扭乳頭，外加亞當撫觸或對肩膀甜咬一口，效果更好。

撫陰莖以外部位的招式。對於不易控制性欲，陰莖一下子就想得到愛撫的男性而言，也是很好的訓練方式。

此外，由於承擔女生全身重量，男性也會萌生「值得倚靠」的幸福感。女性可將交付自己體重這個行爲當作一種愛撫，而男性則有了表現男子氣概的好機會。就算平常堅毅無比的女性，內心深處其實也想對情人撒嬌。這個招式就視覺上來說也很俏皮，女生若穿上絲緞內衣或性感睡衣之類衣物，可以達到更刺激的效果。

◯公主挑情式

第6式 睡衣誘惑式

若無其事地大膽誘惑 放逐「寂寞夜晚」

就算有了「今晚想做愛」的念頭，若對方沒有表示就裹足不前，這種人請務必要嘗試這一招。「我想嘿咻，可以嗎？」一般人很難大方開口要求，而突如其來觸碰伴侶性器官誘惑又擔心把對方嚇退。因此，不妨以行動來傳達想做愛的心情，

推薦給這樣的男女

平常做愛次數減少，或出現無性生活跡象的伴侶，都很適合用這個方式找回往日的幸福感覺。另外，也推薦給生性害羞的男女。

貢獻度

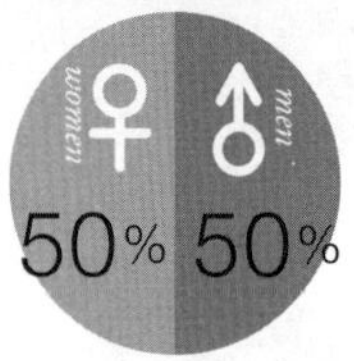

由哪一方主動多少會有差別，但傳達愛意的心情是一樣的。最適合為雙人共撫拉開序幕。

男→女

男性在後方的話，可以緊貼包覆。不要一下子就把陰莖貼上去，先確認對方的心意，然後刻意不用亞當撫觸，先輕輕愛撫乳頭，而不是乳房或性器官。以局部愛撫提升情欲之後，再進入不同的雙人共撫。

女→男

當女性在前方時，反而不要親吻或從身體側面做亞當撫觸，而是局部愛撫陰莖。但切記要控制力道，不要太刺激。下一個招式才是真正的開始。女性在後方的話，因為卡到男生的手，沒辦法愛撫陰莖，可以改成愛撫乳頭。

○睡衣誘惑式

如果對方也有意思，要讓兩人自然而然地進入雙人共撫，這是最適合的招式。

從背後接近對方，冷不防的將胸部貼上去。這時無聲勝有聲，反而更能傳達心意。從背後傳來的胸部觸感、心臟的跳動，讓對方的情欲升高。

等到對方也有所行動，就是表示OK的信號。這時別破壞氣氛，就維持這個姿勢，彼此使出誘惑的愛撫。女性想主動的時候，可以不穿胸罩，只罩著一件睡衣，從後方輕觸著他的背部。如果對這樣的舉動仍有疑慮，也可以換個方向，轉身用背部貼著男伴的胸口。

第7式 亞當遊戲式

用尋寶的心情發掘意想不到的性感帶

這個招式是運用緩慢性愛的基本愛撫——亞當撫觸法，兩人一起享受，能給即將進入緩慢性愛的愛侶一大助力。在美妙的氛圍中，會發現腳底、小腿肚這些部位「竟然這麼舒服！」除了對自己的身體感到驚喜，也因爲對方的反應而感動。在

推薦給這樣的男女

推薦給每一對愛侶，尤其想跳脫受動物繁殖本能控制性愛的人。亞當撫觸正是緩慢性愛的入門。

貢獻度

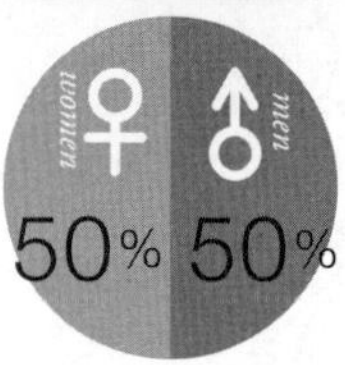

以相同的姿勢彼此愛撫，貢獻度一模一樣。明確表示哪個部位有快感，也是很重要的溝通。

男→女

女性全身上下都是性感帶。拋開所有先入為主的觀念，用亞當撫觸法愛撫每一個部位。先以纖細的淡淡刺激開啓對方的性感腦，之後更濃密的招式將會引發戲劇性的效果。要嚴格遵守基本原則，也就是維持秒速三公分、以若有似無的撫壓順時針畫圈。

女→男

以這種愛撫法累積淡淡的快感，當性感腦開啓，將可進入更高次元的緩慢性愛。手掌覆在肌膚上方，和肌膚保持水平兩公分的距離，只用五根手指輕撫。這可以讓誤以為「只有強烈刺激才有感覺」的男性充分了解原來還有這種纖細的快感。

身上灑上大量爽身粉，兩人以亞當撫觸法愛撫同一個部位，一面互訴感想。這也是讓誤以爲性愛越激情越好的他，有個機會認識緩慢性愛。務必記得要在輕鬆的氣氛下進行。

把大腿外側、內側等部位各自當成一個表面，像畫大圈似地撫摸。其他像是膝蓋內側、腳底等也是很敏感的隱藏性感帶，可以用食指、中指、無名指三根指頭輕輕愛撫。順著性能量的流向，基本上從腳趾開始，一點一點往上，將對伴侶疼惜和體貼的心情，全都灌注在愛撫的指尖上。

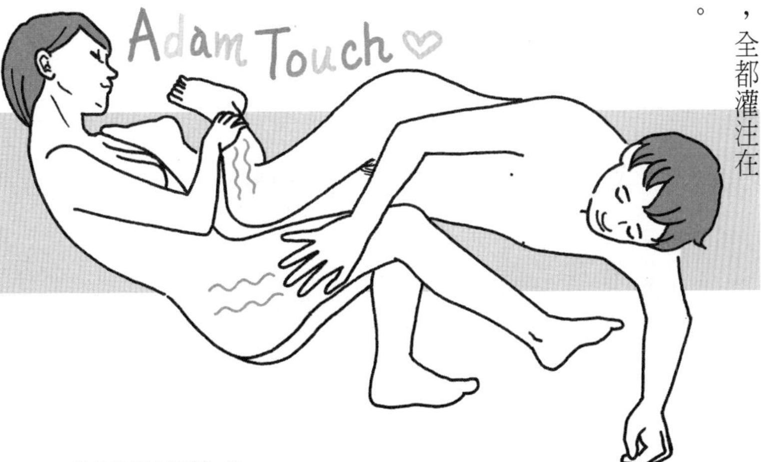

○亞當遊戲式

第8式 四目相對式

快感表情讓人更興奮 雙人共撫的基本形式

這個招式眞是太精采了，不但能實際感受到雙人共撫的樂趣、深度和舒服，同時還能尋找對方的性感帶。我也是因爲這個方式才發現雙人共撫有多棒。建議讀者，將其中一個目標設定在能和愛人以這個招式得到快感。

推薦給這樣的男女

正處於巔峰期、打得火熱的伴侶請立刻闔上書，親身實踐！即使是陷入一成不變的老夫老妻，也會在肉體和精神上不斷有新發現和新驚喜！

貢獻度

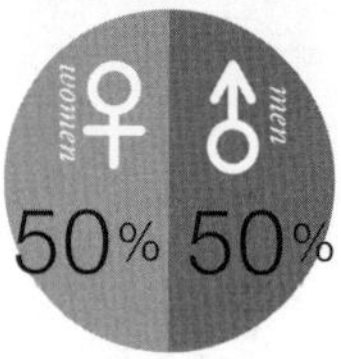

也可說是不插入的坐姿，是一種男女平等的方式。在全裸也很舒適的室溫之下，記得先把手機關機。

男→女

在陰蒂上方塗滿按摩精油。用整根中指輕撫小陰唇，再以指腹輕柔地愛撫陰蒂。可以把手指稍微插入陰道口輕輕繞轉，或刺激G點。一面觀察她的反應，一面嘗試各種愛撫方法。

女→男

兩人都用左手穩穩支撐住體重，這個姿勢就算長時間也不會感到疲累。右手對腳、小腿肚、鼠膝部等部位做亞當撫觸，接著在陰莖上塗滿按摩精油，用手輕捏，或是在陰囊、肛門之間以按摩手法愛撫，自由發揮。

這個招式讓男女雙方在看著彼此表情的同時，幾乎還能愛撫下半身每個部位。不單是性器官，如果加上對腳部交錯進行亞當撫觸或搔抓，將可組合出無窮盡的愛撫方法。實際上，若巧妙控制給予的快感，三十分鐘不過一眨眼，甚至還能輕鬆擁有一小時的快感。「這裡怎麼樣？」「嗯，很舒服。你呢？這裡呢？」「嗯嗯，這邊很棒……」像這樣，在兩個人的私密對話中喚醒新的官能感受。要提醒一點，在愛撫性器官時，記得塗抹按摩精油。除了陰莖之外，如果女性分泌的愛液不夠，也要多塗一點。

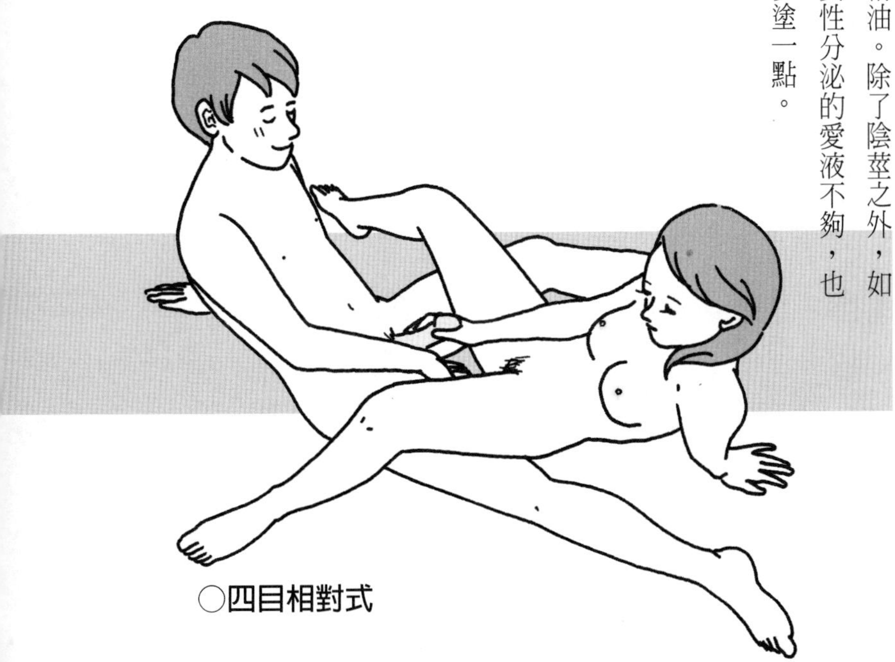

◯四目相對式

第9式 隨心所欲式

全方位＋穩定性優越 適合進階者的招式

當兩人都能以確實的技巧讓彼此得到快感，成爲進階伴侶後，互相愛撫想必也愉快又舒服，二、三十分鐘不過是一眨眼。事實上，我也經常一大早就開始雙人共撫，不知不覺到了該上班的時間，得等到晚上再繼續。一旦點燃愛的火苗，腦中浮

推薦給這樣的男女

希望輕鬆享受雙人共撫的伴侶。不怕難為情，只想單純享受快感，能完全放開，「袒裎相見」的男女最適合。

貢獻度

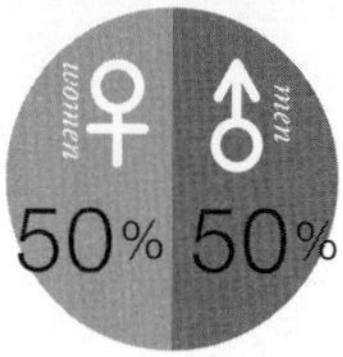

雙方貢獻度一致。用方便對方愛撫的角度張開大腿，只專注眼前對方的性器官，盡情愛撫。

男→女

即使女性絕美的性器官就在眼前，首先還是要冷靜地從大陰唇的亞當撫觸開始。接下來輕撫小陰唇，還有陰道口震動愛撫，吊足女伴胃口後，再祭出家傳祕技「單手愛撫陰蒂」。將手肘轉成直角抬起，用手腕根部緊貼、上提，動作就能很流暢。

女→男

可以盡情使用瓶蓋愛撫法。用五根手指的指腹包覆整個龜頭，在龜頭周圍繞轉，就像要旋開寶特瓶瓶蓋一樣。速度稍微快一點更有效果。觀察對方的反應，適時調整力道強弱。也可以嘗試螺旋愛撫法。

現的盡是夜晚的歡樂。到了晚上，情緒比平常來得更熾熱。光是雙人共撫就讓時間不夠用，隔天繼續依舊不減快感。不受限於任何教戰手冊，敞開心胸盡情相愛。

這個方法最大的優點就是，即使維持這姿勢超過一小時也不會累。只要用單腳和單手手肘支撐體重，身體半傾、張開大腿，其他就交給對方，享受「隨心所欲式」的愛撫。不但穩定性佳，還能空出一隻手，而眼前就是伴侶的性器官。轉個身體就是「六九式」，也能

自由施展亞當撫觸。別忘了搭配使用按摩精油！

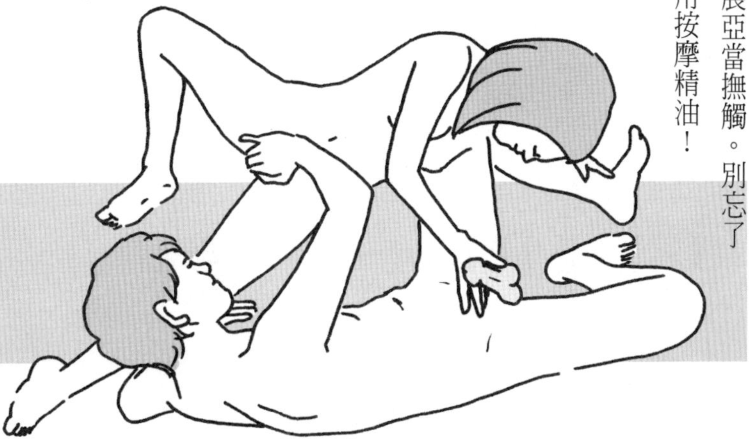

◯隨心所欲式

第10式 女神誘惑式

因爲有愛特別有感覺 女性S力百分百全開

現在有越來越多伴侶是女性的經驗較豐富，或是男性年齡較低，未經人事。這類女性經常向我提出的問題就是：「希望能高明開發幾乎是處男的另一半。」在還沒受到AV不良影響走上垃圾性愛之路以前，應該先用雙人共撫來教育他正確表現

推薦給這樣的男女

希望由女性主導、享受情色遊戲的兩人，或是女性性經驗豐富的組合，還有男性習慣垃圾性愛的伴侶。

貢獻度

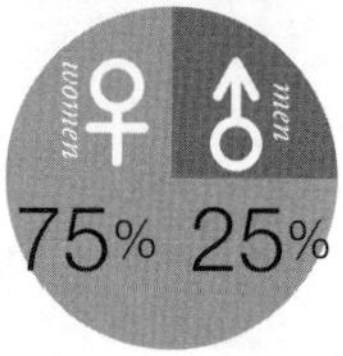

讓男性處於被動，享受扮演色姊姊的角色，無關實際年齡。或許還能意外發現自己的另一面！

男→女

若女方想掌握主導權，不妨偶爾當小弟弟，交給對方引導。即便在女方的手技下情欲高張，也不能就這麼順勢愛撫，刻意撒嬌問道：「可以摸摸那裡嗎？」像玩遊戲的感覺。要注意的是，單手愛撫陰蒂時，要剝開陰蒂包皮，找到正確的部位。

女→男

將體內的S力百分之百發揮！先從臉部的亞當撫觸開始，用指甲輕輕摳弄乳頭，一面輕觸鼠膝部，慢慢移往陰莖。當男性受不了想起身時，可以發動語言攻勢：「躺好啊，你這個小鬼真不乖！」輕捏塗滿按摩精油的龜頭也會讓男性興奮難耐。

愛意的方式。

彼此共同開發的招式，包括有「亞當遊戲式」等各種形式，但這裡要介紹的是喚醒男性入門者體內性欲的招式。在姿勢上並不困難，重點就是男性完全仰躺，讓女性握有主導權。女性的頭枕在手肘上，保持比男性臉部稍高的位置，一邊認眞觀察男性快感的表情，一邊吐露著色姊姊的甜言蜜語。

另一方面，性愛基本上都由男性主導，很容易形成男性爲S、女性爲M的關係。用這個招式偶爾逆轉一下既定關係，也能有效預防兩人的性愛變得老套。

○女神誘惑式

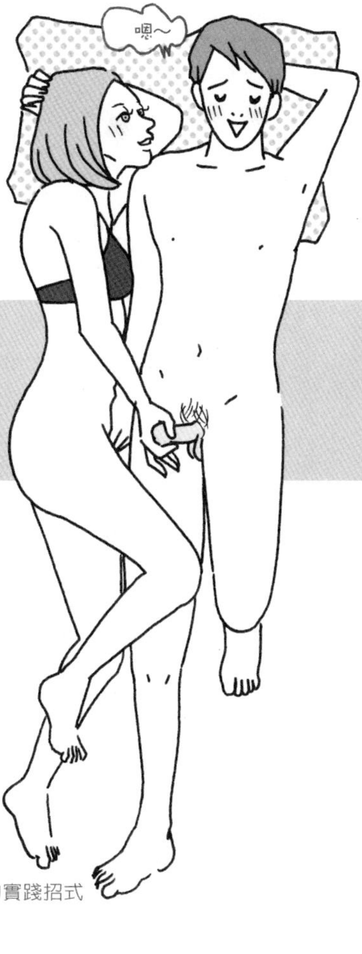

第11式 含羞雛菊式

開啓肛門就開啓心扉 獻給永不分離的愛人

男性的三大性感帶是陰莖、乳頭和肛門，但只有肛門與衆不同。對一般男人而言，別說愛撫了，根本就不想讓人看到這令人害羞的「禁忌部位」。然而，幾乎所有男性的肛門都是敏感地帶，所以內心深處還是渴望有人來愛。據特種行業小姐

推薦給這樣的男女

面對男友始終不肯求婚時，女生就用這招來爭取自己的未來！此外，覺得男方對性事興致缺缺，苦惱至今仍不夠親密的妳也不妨一試。

貢獻度

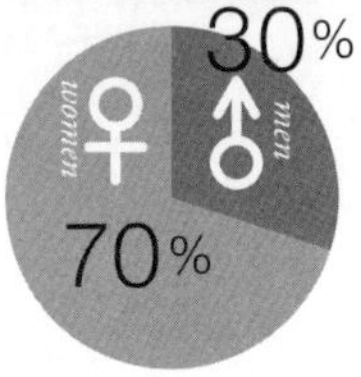

舔舐肛門是個為難的選擇，但保證一定有超乎想像的效果。就由妳來開啓官能的大門。

男→女

用右手中指輕撫小陰唇，或是輕輕愛撫陰蒂，基本上就維持在淡淡的快感中。互相愛撫不是在比賽，絕不要滿腦子想著「要讓她高潮」。倒不如坦然以聲音和身體表現快感，會讓女方更開心。

女→男

半調子反而更不好，乾脆就用雙手緊抓住對方兩邊屁股，讓肛門門戶洞開，藉此刺激男性的M傾向。不要只用舌尖點舔，基本上要用到整個舌頭，滑膩地往上舔，效果最好。在羞恥心引起的興奮與舌頭的觸感下，那種無法言喻的快感絕對讓他無法招架。

的說法，能讓男性最難為情、但同時又開心到全身扭動的，就是舔舐肛門。一旦解禁，愛撫肛門將會激發出男性的M特質，而且淋漓盡致，認為絕對不能錯過肯為他這麼做的女生。

一起洗澡時，先若無其事幫他清洗肛門，之後舔舐陰毛時「不小心舔到肛門」，就以這種感覺試試看吧！舔的時候最好伸出整個舌頭往上舔，表現出舌頭滑膩的觸感，然後偶爾用挺直的舌尖，朝距離入口一公分處輕戳愛撫。Let's Try!

◯含羞雛菊式

第12式 聖穴愛撫式

相愛的兩人之間 坦露情欲不害臊！

害羞的人本來就有其魅力，在充滿愛意的性行爲中，羞恥心更是提升情趣的最佳興奮劑。有道是：「因爲難爲情，才更有感覺。」但如果是「因爲害羞，所以不做」，眞正的意思其實是還沒有建立起愛的關係。面對生性害羞的伴侶，如果你

推薦給這樣的男女

追求身心更親密的愛侶、希望享受只有兩人祕密世界的男女。其實人生經驗豐富的中年伴侶也很喜歡。

貢獻度

women ♀ 50%　men ♂ 50%

就像不插入的「大腿交叉坐位」，男女的貢獻度相同。除了肛門，也可以愛撫陰莖下方、G點等部位。

男→女

男性猶豫的話就沒辦法繼續了。大方一點，自己先主動露出肛門吧！輕輕用手指貼著女生的肛門。先用中指指腹像要蓋上蓋子一樣，輕輕地抵住。接著指腹保持緊貼，轉動手腕。女性也用同樣手法愛撫。

女→男

大腿交叉時，兩人之間會挪出一點空間，把重心移到放在下方的腿上，這麼一來，身體微傾，肛門便門戶洞開。相信另一半，盡情放開吧！也可以愛撫對方的陰囊和會陰。洗完澡後，兩人一起找尋快感，一起開心！

能完全放開來，她也會對你敞開一切，而且只會這麼對你。要敞開心胸最有效的辦法，就是大談「禁忌話題」。那麼愛撫哪裡，才能建立起連性愛話題都能赤裸裸討論的理想關係呢？對，答案就是愛撫彼此的肛門（聖穴）。

這招是從前面「隨心所欲式」演變而來，只要大腿交叉，就能愛撫肛門。對愛人坦露自己最不想讓人看到的「禁忌部位」，互相撫摸，兩人之間的禁忌瞬間打破，再也沒有任何隱瞞，盡情享受只有兩人臉紅心跳的話題。但唯獨要記得，肛交是禁止的。

◎聖穴愛撫式

圖解
雙人共撫15式

第13式 心癢六九式

在正統六九式之前先來一段心動序曲

講到雙人共撫的始祖，其實就是六九式，但一般人對它的評價卻不怎麼樣，似乎很多人認爲：「像動物一樣，不喜歡。」或是「這種姿勢很累耶！」在進入正統六九式之前，還有一招要先認識的序曲。各位男士，你們有過被女伴用長髮輕輕拂

推薦給這樣的男女

覺得六九式像動物而感到排斥的男女。另外也適合有想像力，且喜愛富有故事性愛撫的兩人。最理想的情況是持續兩分鐘就好，不拖延。

貢獻度

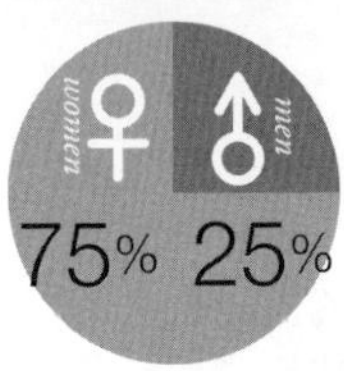

由於男性姿勢固定，由女性來活動，貢獻度以女性較高。不過若是真正的六九式，則兩人平等。

男→女

女性跨跪在上方，男性將雙手手掌攤開，把手掌中央固定在觸碰乳頭尖端的位置。即使女性有動作，男性的手掌也要保持完全靜止，由女性活動來讓乳頭跟掌心摩擦，目的就是讓女生認為「乳頭也是由自己愛撫」。

女→男

和仰躺的男性頭腳反方向，擺出騎馬的姿勢。接下來調整一下，讓髮絲觸碰到男性的陰毛。之後頭部和手肘固定不動，以滑動背部的方式前後搖晃，讓髮絲愛撫陰莖。同時也留意讓對方看到自己的陰部。

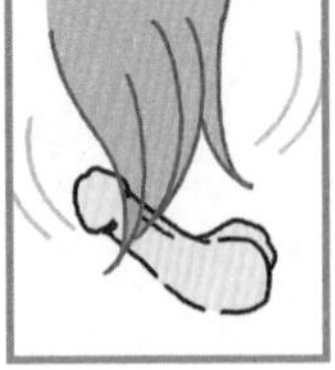

過陰莖的經驗嗎？可以享受到充滿女性柔情的快感，同時令人心癢難耐，眞的妙不可言。所以這一招命名爲「心癢六九式」。對女性而言，頭髮等於第二生命，對另一半的愛也能藉由這第二生命完全表露出來。

吊胃口，似乎是男性對女性愛撫時的一大關鍵。其實男性也在心焦難耐之際會特別興奮，訣竅就在於一旦發動之後，必須徹底執行。如果對方受不了了，也想爲妳舔陰，女生也要翹起屁股來加以阻止，直到男方說出「求求妳……我再也受不了啦」才能罷休。這也是「腦部愛撫」，連帶讓男性身體轉變爲敏感體質。

◯心癢六九式

第14式 正統六九式

長時間維持「適度」就是通往極樂的護照

可讓兩人「同時情欲高漲」的雙人共撫，自古至今，無論東西方都不重視的原因，就在於誤解了六九式是一種「疲勞的招式」。導致「疲勞」的緣故有兩個：姿勢不對以致身體感到疲憊；再者就是因爲「得讓對方比自己更有快感」或「必

推薦給這樣的男女

無論男女，對使用嘴巴愛撫──也就是口交感到排斥的伴侶。認為六九式容易疲累、所以敬而遠之的人也很適合。

貢獻度

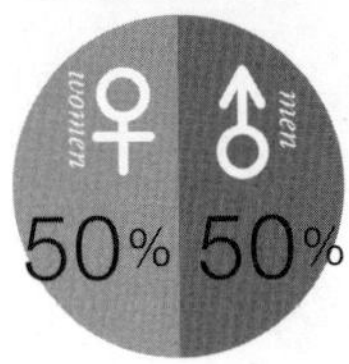

想讓女伴比自己更有快感而奮力表現的男性，以及無法回應而大傷腦筋的女性。愛的悲劇，永別了。

男→女

口交時要先剝開陰蒂的包皮。要是不這麼做，女生會覺得像隔靴搔癢，難以盡興。「輕柔」和「半調子」是兩碼子事。用食指和中指，讓陰蒂完全露出來。

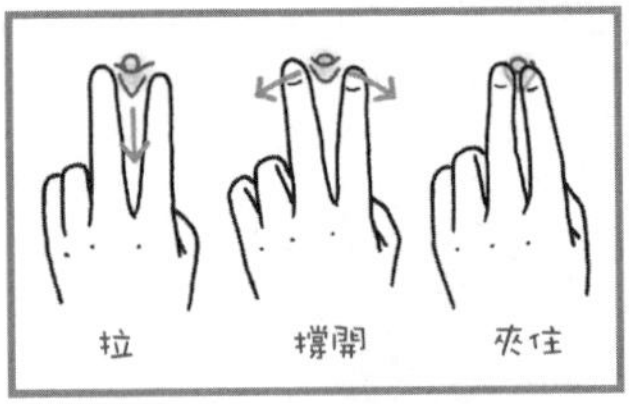

女→男

關鍵在於刺激的變化。重點式地舔舐龜頭冠和陰莖繫帶。先用單手將陰莖外皮往下集中，嘴巴含著龜頭，當手部連同外皮往上移時，嘴巴就往下含得更深。

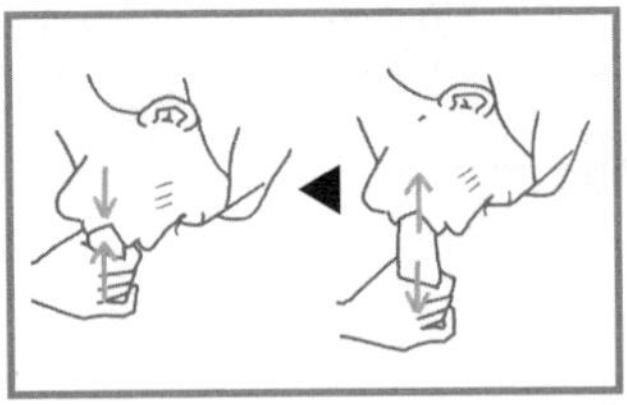

須裝出比對方更舒服的樣子」。我聽過很多人這麼說。然而，雙人共撫的精髓並非競爭，而是「體貼」。一面注意對方的感覺，一面共同享受「恰到好處的快感」。希望大家能再次把這個道理銘記於心。

鋪好枕頭，女性調整腰部位置，讓男性伸出一半舌頭時剛好能碰到陰蒂。女性用兩膝和左手穩穩支撐重心，務必事先調整好不會累的姿勢。接著，彼此就持續以給予對方七成快感的手法互相愛撫。連續嘗試二、三十分鐘，一定會有讓膝蓋顫抖、腿軟的快感。

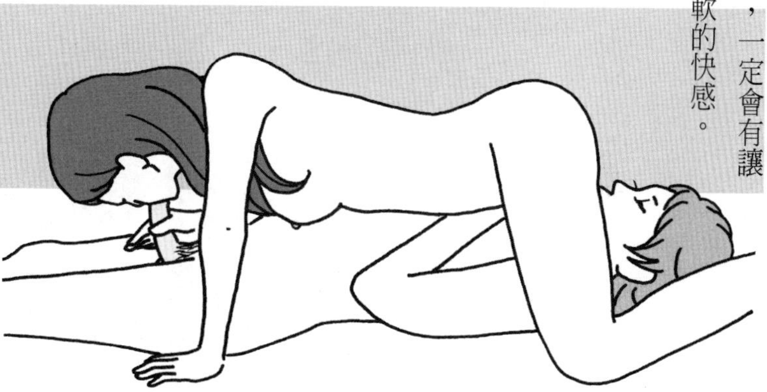

○正統六九式

圖解
雙人共撫15式

第15式 嬌羞股交式

龜頭和陰蒂摩擦下快感令人暈眩神迷

不用擔心射精，不需要保險套，也能輕鬆享受「隨意交合」，這就是股交的優點。股交是風月場所的經典招式。要是以為這只是由女性以騎乘體位擺動腰部的騎乘體位股交，可就大錯特錯。這招利用到鏡子的背後體位股交，並不像騎乘體

推薦給這樣的男女

熱愛情色氣氛的愛侶、想要享受更多肌膚之親的男女。此外，有早洩現象的男性，這也是很好的訓練。

貢獻度

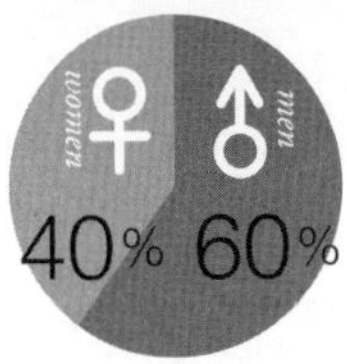

基本上，角色的分配是男性S、女性M。由男性巧妙帶領，盡情感受那股羞赧的情緒。

男→女

看著鏡子裡臉貼近對方耳朵的模樣，展現出難為情的樣子。由於沒有實際插入，只是在淺層的活塞運動中扭腰享受。不過，千萬不能因為太舒服而進入射精模式，而且切記不可以真的插入。如果對自制力沒信心，務必先戴上保險套。

女→男

重點就在用單手按住陰莖，讓龜頭冠能碰到陰蒂。因為力道輕重能自由斟酌，也可以自己控制快感。就連小陰唇都會有快感哦！記得事前務必要大量塗用按摩精油。還有，把大腦完全切換到情色模式。

位股交那樣，只由女生拚命動，而是在男女相互支撐下達到快感。愛侶前往摩鐵時一定要試試這招。當然，在自家浴室裡也能盡情享受。

女生在鏡子前面以雙手撐住，再用大腿夾住塗滿按摩精油的陰莖，接著就以和背後立位相同的訣竅開始活塞運動。重點在於女生的手！單手直接按住陰莖，讓龜頭能摩擦到自己的陰蒂。看著鏡子裡充滿情欲的彼此，快感會飆升超過四倍！

親身體驗過的人總是很開心地告訴我：「看著她淫媚的模樣眞可愛！」「沒想到她也會這麼舒服！」「早洩現象得到改善。」諸如此類的好消息不停湧現。

◯嬌羞股交式

第四章

女性愛撫男性的竅門

給男性

滿滿的「愛與能量」

經由妳正確的愛撫，能讓男性也認識到真正的喜悅。
絕佳的互相愛撫，將激發出對彼此無與倫比的愛與生命力。

性愛最根本的意義，其實就是「愛的交流」。

相信你一定也這麼認為。

兩人一起沉溺在情欲之中，愛著彼此，這種行為才叫緩慢性愛。

因此，身為女性的妳，也該了解以男性性機制為基礎的緩慢性愛理論，以及正確的愛撫技巧。

女性的高潮光用肉眼很難判斷，但男性不同，因為有「射精」這個明顯的指標。然而，這也成了兩面刃，讓許多女性都誤解了男性的性機制。女性的高潮有各式各樣的官能感受階段，而男性就算同樣是「射精」，也有幾乎無快感的射精，或是在激昂快感中釋放、在那一瞬間忍不住想高喊：「啊——！」情況可謂五花八門。

那麼，怎麼樣才能讓男性在最高潮，也就是「射精」時達到快感的頂端呢？在我的性愛學校中學會緩慢性愛的男性學員們全都異口同聲表示，只要聽聽他們的期望就會知道。

「其實男人也希望慢慢享受快感。」這是男性的眞心話。

「因爲他想快點射，人家只好拚命幫他吹呀！」相信也有女性這麼認爲吧。不過，這是因爲她們從來都不知道，其實男性如果累積了多樣化的快感，也能夠品嘗最豐富的官能饗宴。

我提倡的緩慢性愛雙人共撫，是任何人都能實踐、都可以享受官能之樂的性愛。在飄飄然的時光中，起先由兩人傳接如乒乓球般的微小「快感」。在享受充滿憐惜和體貼的溝通下，這份「快感」從小乒乓球轉變成排球，甚至膨脹到巨蛋球場般的大小，最後在這無與倫比的愛結束時大爆炸。

性愛是上天爲兩人準備用來「表達愛情的最佳舞台」。不如將「希望爲他帶來快感，讓他開心」的心情轉化爲技巧，在眞正的緩慢性愛中，將兩人的愛情引導至幸福的頂端。

至於需要的技巧，全將由我來傳授。

女性主動親吻的做法

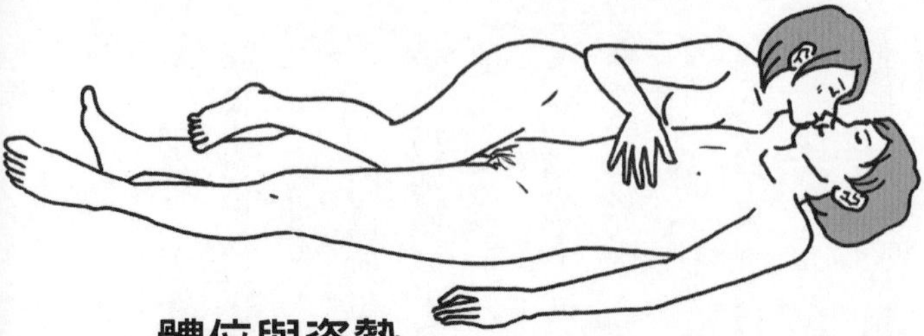

體位與姿勢

橫躺在右側就能以右手愛撫。右大腿半放在男伴兩腿之間，稍稍撐住體重保持穩定。重點是妳要能採取主動，從上方親吻男伴的姿勢。

1 臉部亞當撫觸

男性也會因為被愛撫臉部而感到舒服。用食指和中指兩根指頭沿著由下巴、顴骨和耳側三點連成的線，緩緩做亞當撫觸。

2 亞當親吻&開始親吻

將滿滿的愛意灌注在最輕柔的親吻中。在一波波若有似無的亞當親吻下，進入品嘗軟嫩香唇的開始親吻。還有心力的話，右手可以慢慢的、像畫大圓般對手臂、側腹等部位做亞當撫觸。

女→男

3 用手將臉轉向

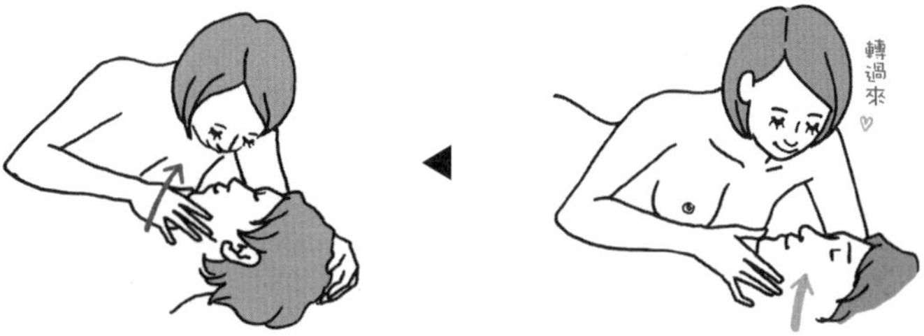

在進一步深層親吻之前，有個小祕訣，就是把男生的臉轉向自己。輕輕用手托著下巴，充滿愛意地緩緩轉向自己。看似毫不經意的動作，卻有著極大的心理效果。男性保證會萌生一種「受到純潔愛撫」的感覺。

4 陰莖親吻

雙方滿腔的情感激盪。張開雙唇按壓在男生嘴上，就像要制服對方一樣，用力吸吮。雙方激情相吻，直到口中呈真空狀態。別忘了從鼻子呼出炙熱氣息。

5 深層親吻

趁對方發動攻勢之前，趕緊再次霸占他的唇。在心情上，妳是男生，對方是女生，就這樣保持濃厚的欲望，讓兩人的舌頭狂野交纏。

讓男件開心的

口交小祕訣

妳知道嗎？讓男性確實擔任「享受快感的角色」，比學會任何口交技巧，效果都來得更好。

以往妳都是怎麼幫男伴口交呢？

「怎麼口交啊……就注意牙齒不要碰到吧。」

「一開始輕輕舔，到最後變成激烈的眞空吸吮！」

「含在嘴裡一面盯著他的眼睛，他好像就會興奮。」

「反正就是調整力道，讓他不要射精……」

原來如此，看來各位都學了不少。那麼，我換個問題。

在口交之前，大家當然都取得了「主導權」吧？

「什麼？主導權？沒想過這種事耶。」

一般來說，爲男性口交的過程大概都是這樣：男性使出各種手法，愛撫女伴到了一定程度，雙方就有種默契──「接下來由女生口交，等到提高男生射精欲望就交合」。就在這種氣氛之下，男方不經意地挺出陰莖，表現出希望女方爲他口交，或直接說「幫我舔」。身爲女性的妳則握起眼前的陰莖，充滿愛意地一口含住。

等一下！這種行爲等於眼睜睜把一半的效果扔進垃圾桶！

「雙人共撫」中，愛撫的一方和接受的一方常常是交錯的，但陰莖口交不一樣，這百分之百是由女性對男性的愛撫。事實上，更重要的是，與其以高級口交技巧讓男人性欲大爆炸，不如確實做好交接工作，完全由妳來主導愛撫。

性能量（快感能量）的流向有從主動到被動、由上往下的特性。因此，當妳確實掌握主導權，性能量就會朝被動的男性灌注，大大提升男性「在腦中將肉體刺激轉化爲快感」的比例。比方說，當兩個人走在大街上，氣氛也不怎麼樣時，他突然愛撫妳的乳頭，因爲情緒跟不上來，感覺應該連平常的一半都不如吧。其實兩種情況很類似。換成男性的話，（且不論當事人希不希望）癥結就在「是否讓女方完全掌握主導權」。

妳該如何從親吻開始就釐清主導權？接下來到含住陰莖的過程中要怎麼挑逗男方的心？口交的成敗就端看這兩點。

是的，口交的關鍵就在於「含住陰莖之前」！

圖解

口交小祕訣

含住陰莖之前的流程

1 亞當撫觸

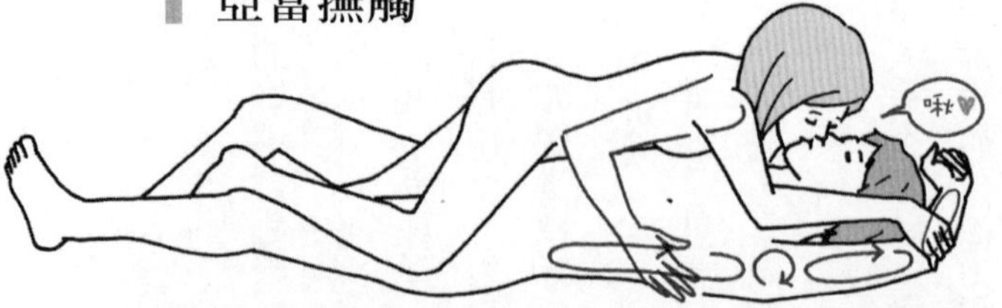

性能量的流動特點是由上到下、由主動到被動。萬一這時態度不夠明確，男性也會猶豫該不該把一切交到妳手上，這樣反而不好。首先，來個若有似無的輕柔親吻。

2 愛撫鼠膝部

雙方舌尖交錯，以輕柔的親吻挑逗。如果對方將手伸向乳房，記得俏皮地牽制他，「交給我來就行啦♥」同時對鼠膝部做亞當撫觸。

3 愛撫陰莖

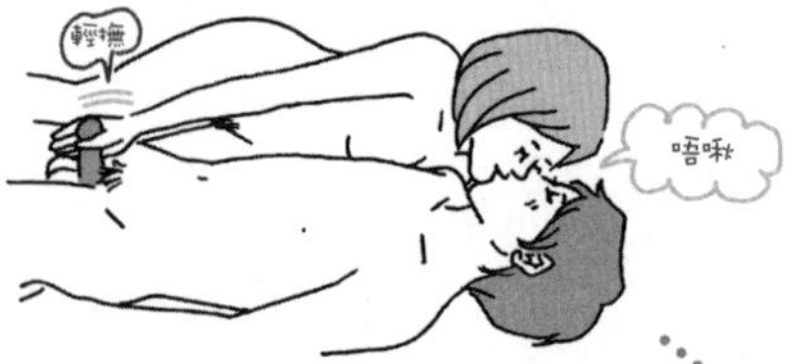

親吻同時對上半身做亞當撫觸，接著就能準備愛撫陰莖。不過一開始還是輕輕的亞當撫觸，一面加重親吻的濃度。

4 緩緩往下

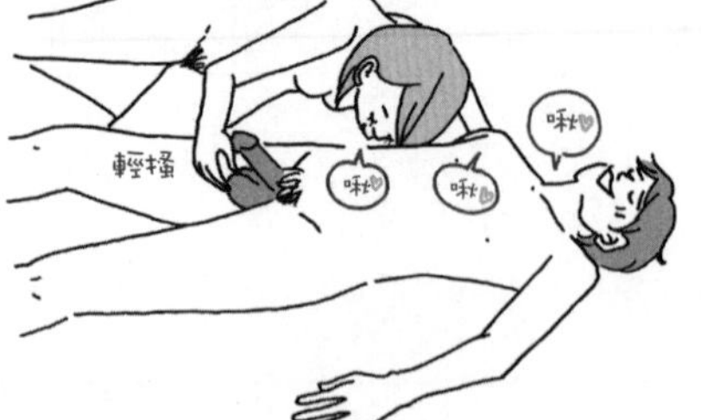

到了這個階段，男性會扭著身軀，希望「快點含住陰莖！」但請繼續挑逗。這樣吊胃口將可提高接下來口交的完整度。一面親吻，一面往下。

女 → 男

5 蹲跪親吻

身體移到陰莖旁邊。此刻，男性滿腦子都是生氣勃勃的小弟弟在口中躍動的畫面。不過，還不能含進口中！滿懷愛意，對著陰莖落下雨點般的親吻。

6 往上舔

「追加挑逗」這招將一舉將妳的口交技巧提升到最高境界！輕輕握住整根陰莖調整角度，順著陰莖繫帶往上舔。祕訣就在伸出舌頭，以臉部上下移動來帶動。持續約2分鐘。

7 蓄勢待發

直到這一步才含住陰莖，這才是真正的口交。只要經歷這個過程，男性就完全成了妳的俘虜，保證再也離不開。熟練這一連串的技巧，即使看來同樣都是口交，快感卻能提升數十倍。

基本技巧

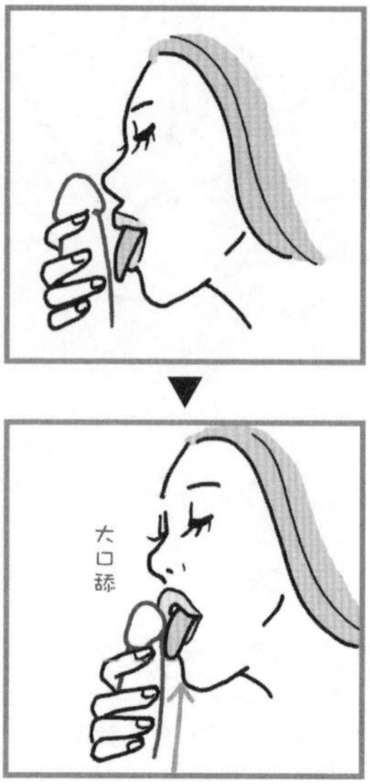

往上舔

盡可能伸長舌頭，然後舌頭不施力，緊貼著陰莖的根部，就這樣往上舔，片刻不離地直到舔至龜頭接縫，再舔到龜頭最上方。盡可能一次持續長距離舔舐。一次大約**3**秒鐘，至少舔上五次。

親吻口交

就算有了口對口的濃密吸盤親吻，要是就這麼冷不防含住陰莖，也沒什麼意思。首先，對陰莖落下雨點般的親吻，同時嘴巴發出「啾、啾」的聲音。讓他真正感受到自己的愛，內心逐漸升溫。此外，親吻睪丸也會讓男性很開心。

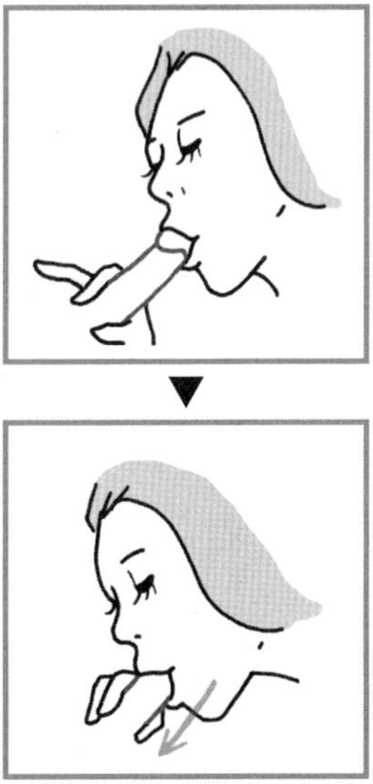

緊貼口交

眾所熟知的基本口交技巧。重點在於淺含時嘴唇剛好停在冠狀溝上，深含時則用舌尖點舔冠狀溝，給予刺激。外皮多餘的部分用手往下推，固定在根部之後，刺激就能直接傳遞。不過拉得太用力會弄痛男方，要特別留意。

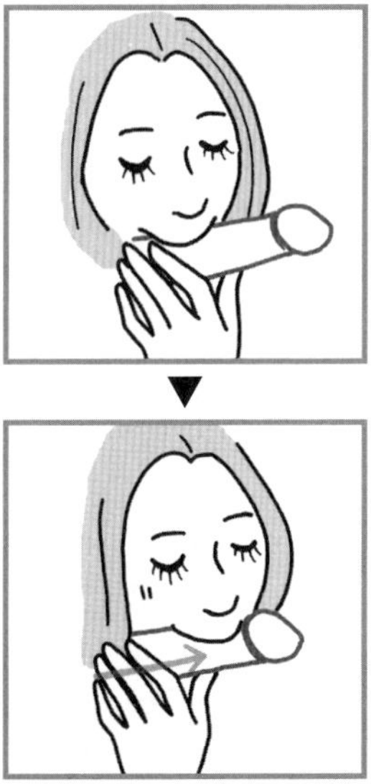

口琴式口交

想為單調的口交增添一些變化，就要學會這招。用上下唇橫向含住陰莖根部，然後邊含邊舔整根陰莖。雖然快感沒那麼強烈，但可以在賞心悅目之際，同時感覺到女伴疼惜自己的陰莖，男生會很喜歡的。

姿勢和技巧的關鍵

比任何技巧都讓他興奮。別忘了！

男性完全躺平、女性激情演出共創感官之樂

男性是感官動物，比起來自肌膚的刺激，有時候視覺和聽覺的刺激會讓他們更興奮。這點和女性不同，可說是男性特有的性機制，女性要了解這點。尤其是口交，「關鍵就在表演！」爲心愛男人的小弟弟口交時，訣竅在於同時發出「嗯～嗯～」的喘息聲，也就是用鼻子呼吸時，嘴巴一邊發出聲音。看到妳這副模樣，男生會認爲「舔我的小弟弟舔到有快感」，這

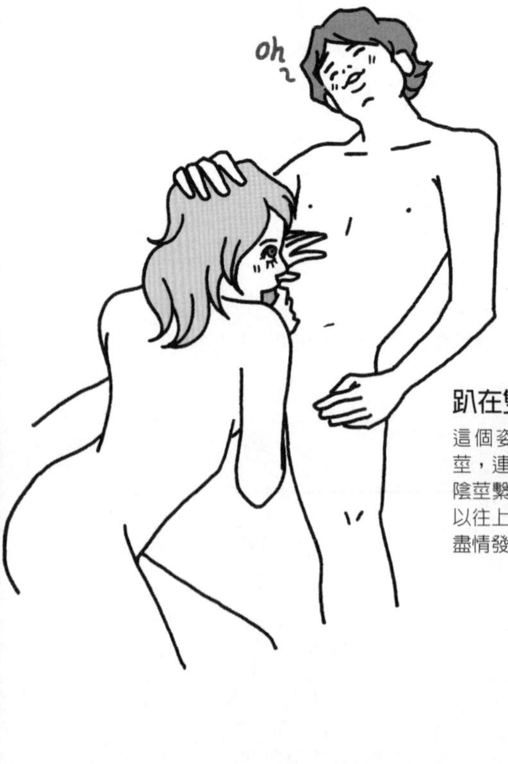

趴在雙腿之間

這個姿勢不單能含住陰莖，連龜頭內側、接縫、陰莖繫帶都能愛撫到。可以往上舔或用舌尖點舔，盡情發揮自我風格。

女 → 男

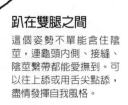

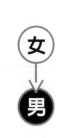

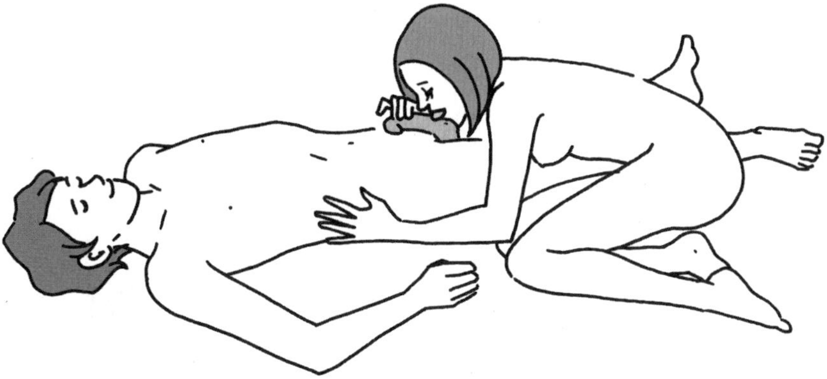

側面蹲坐

舌頭可以徹底舔舐最容易有快感的冠球溝。也可以將嘴唇緊貼著冠狀溝，搖晃著頭給予刺激，效果也不錯。

屁股正對

陰莖含在嘴裡的同時拉起他的手，直接慢慢引導到自己的性器官上。別忘了不時扭動屁股，或是熱情嬌喘，表現出享受快感的模樣。

讓對方不達到高潮而掙扎

使用雙手的愛撫法

愛撫男性的精髓是「用嘴引起興奮，用手達到快感」。
了解這個道理，當個讓男人緊抓著不肯放手的女人！

幾乎所有女性提到愛撫陰莖，很容易執著於「口交」上。其實對男性而言，口交在肉體上並沒有帶來那麼強烈的快感，反而是精神上興奮的成分多一些，覺得女人「津津有味地舔著自己的小弟弟」。所以我不厭其煩的提醒，口交最重要的是表演，原因就在這裡。含著男性的陰莖，展現興奮、快感的模樣，如何藉此刺激男性的腦部，才是致勝關鍵。

那麼，該怎麼做才能充分給對方肉體上的快感呢？

沒錯，答案就是運用手和指頭的手技。

想讓心愛的男人享受各式各樣的深度快感，手技自然不可或缺。就構造上來看，嘴巴的形狀是固定的對吧？相對來說，人類的手相當靈巧，還能隨心所欲調整微妙的力道，做出複雜的動作。由此看來，理所當然會比口交舒服幾十倍。但有一點是手技比不上口交的，那就是光靠手沒辦法潤滑，所以一定要使用按摩精油。這麼一來，陰莖和妳的手之間產生絕妙的摩擦，男性在過程中保證能品嘗到宛如升天的快感。

用手愛撫，開心的不只男方。由於手和指頭比口、舌靈活幾百倍，妳能依照自己的意思一次次從錯誤中學習，提供服務的妳也會覺得很有趣。來到性愛學校的女性們，在學習這套手技之後，就像得到新玩具的小孩子，開心得不得了！據說還會幫男伴愛撫陰莖長達幾十分鐘。男方也一樣，在快感中全身痙攣，痛苦掙扎，讓女伴看了不禁納悶：「以前他怎麼都面無表情呢？」接下來交合射精時，甚至高興得眼泛淚光。

沒錯！嘗試過後妳一定會很驚訝，而且在手技精進之後還會發覺：「咦？原來男人也會舒服到呻吟？」看到男伴不斷扭動腰部，陷入絕妙高潮，簡直就像逃不出如來佛手掌心的孫悟空。請運用妳的一雙手，讓他全身掙扎吧！

口交傳遞的是興奮，快感則要依靠手技。

兩者是引發男性高度官能感受的史上最強組合。身為女性的妳，務必將這番道理銘記於心。

圖解
雙手
愛撫法

提高敏感度的手技

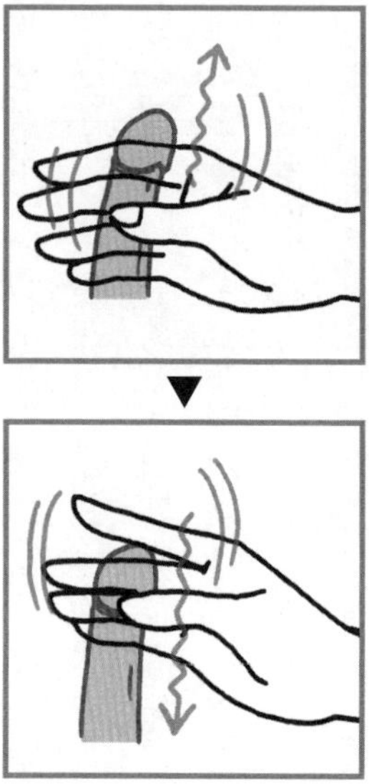

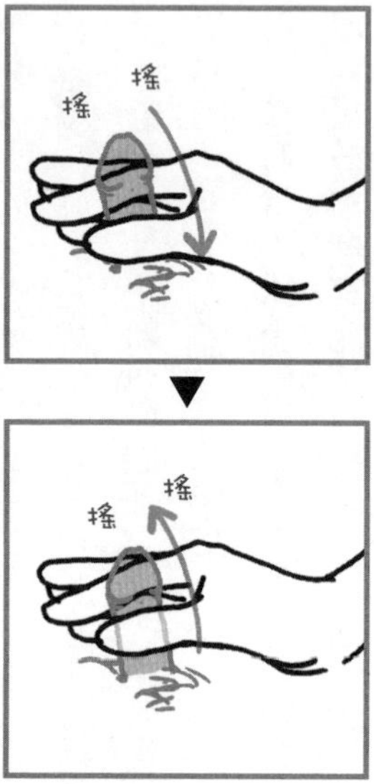

震動愛撫法

把手掌擺成ㄈ字形，夾住陰莖，留意手指和陰莖之間保留1公分的空隙。然後從根部到前端，一路用力以左右搖晃的手法震動愛撫。這種刺激並不強烈，卻能品嘗到深度的舒暢。

搖晃愛撫法

愛撫對象是尚未勃起的陰莖。用右手大拇指、食指和中指這三根指頭握住陰莖根部，朝左右輕快地搖晃，心情上就像把玩可愛的玩具。切記不要用力捲繞，到半勃起的狀態就停止。

女→男

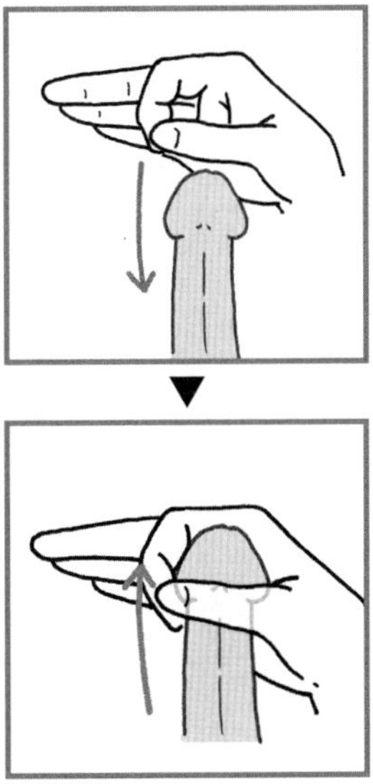

套弄愛撫法

基本上要搭配使用按摩精油，但如果不加壓的話，不用按摩精油也無妨。以大拇指和食指圈成環狀，輕輕地上下套弄摩擦冠狀溝。不要握得太緊，持續穩定輕柔的節奏感。不用按摩精油的話，愛撫要更輕柔才行。

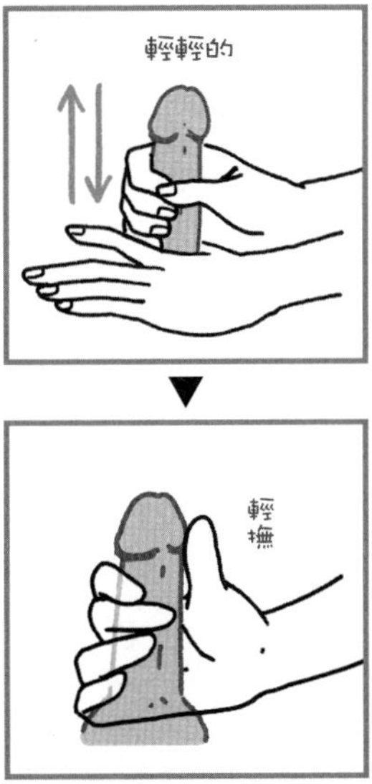

輕觸愛撫法

也就是陰莖的亞當撫觸。即便陰莖勃起也不要立刻施加強烈刺激，先用若有似無的撫壓，輕輕愛撫龜頭、陰囊、陰莖繫帶。建議先抹上按摩精油會更舒服。女性也能體會觸摸陰莖的奇妙感覺。

圖解

雙手愛撫法

帶來極致快感的手技

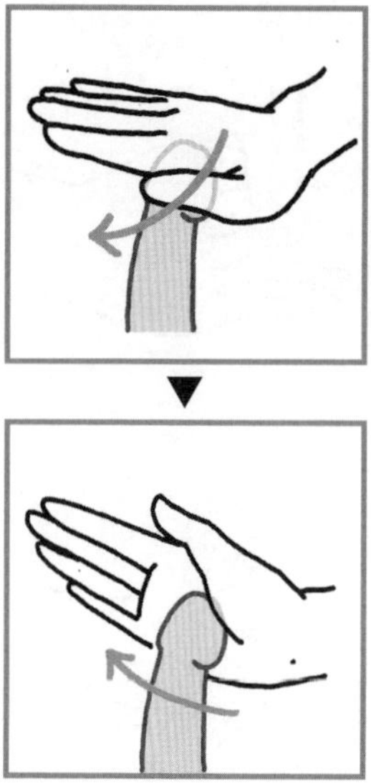

繞動愛撫法

左手握住陰莖固定，接著打開右手掌，將掌心較寬的部分貼著龜頭，然後像畫大圓似地轉動手腕。與其講究速度，更重要的是調整手掌與龜頭互相摩擦的感覺。同樣要搭配使用按摩精油。

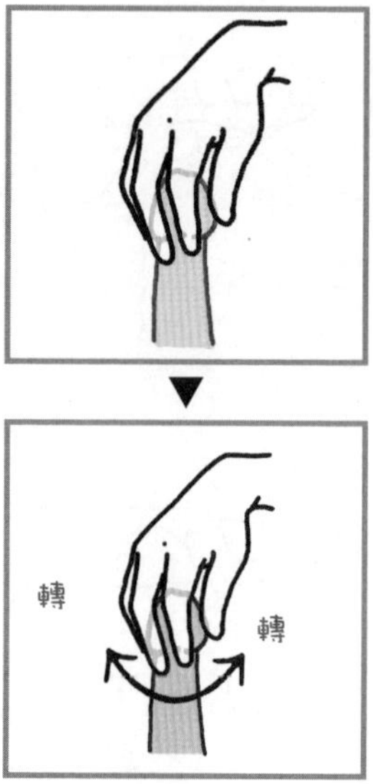

瓶蓋愛撫法

像要轉開寶特瓶瓶蓋一樣，指尖扶著龜頭，輕輕加壓後左右旋轉，或是上下摩擦冠狀溝部分，像是愉快地玩弄陰莖的感覺。這種手法雖然跟陰莖的接觸面比較小，卻能給予敏感的刺激。記得要塗上按摩精油哦！

女 → 男

※請搭配使用按摩精油。

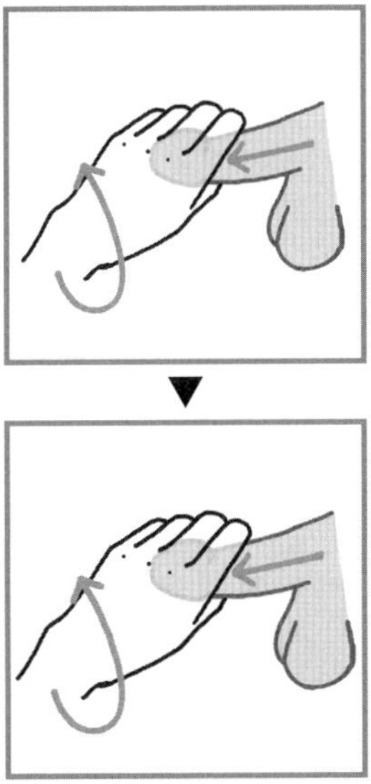

螺旋愛撫法

這能給陰莖更大快感，是最後的王牌愛撫法。把塗滿按摩精油的陰莖，插進圈成筒狀的手中。大拇指、食指和中指恰到好處地勒緊，一面把手像轉螺絲一樣轉動，一面前後移動，往後拉時以逆時針方向，往前推時是順時針方向。

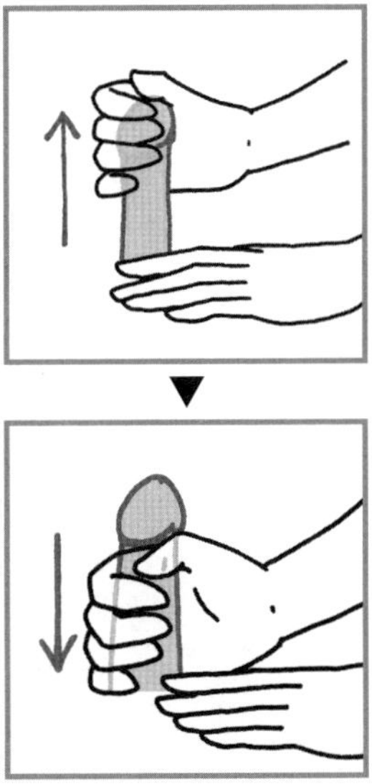

摩擦愛撫法

一定要使用按摩精油。把自己的手當成緊緻的陰道，想像將陰莖插入尺寸恰到好處的陰道內，緩緩以上下方向摩擦。往上時移到最上方，勒緊龜頭。小祕訣是用另一隻手的手掌把多出來的外皮輕輕往下推，加以固定。

口、手並用的組合

女→男

緊貼口交＋摩擦愛撫法

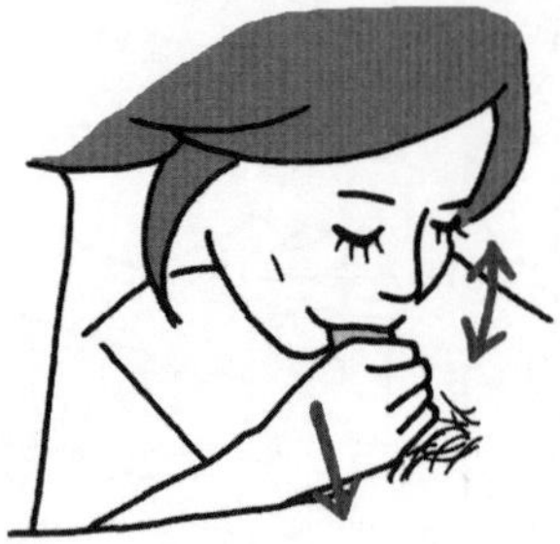

臉往上時手往下，臉往下時手就往上。要熟練這一連串的動作。原則上，手部的摩擦對象是塗有按摩精油的陰莖，但如果流出大量唾液在表演上也很有視覺效果。

吸吮龜頭＋套弄愛撫法

噘嘴含著龜頭，刻意發出啾啾聲響吸吮。同時用大拇指和食指圈成環狀，繞轉摩擦冠狀溝。愛撫龜頭能觸動男性強烈的原始性感腦。

不讓男伴高潮長時間享受快感的最強祕技

如果男伴快高潮了該怎麼辦？在此傳授各位一項珍藏祕技——在即將達到高潮的時間點，立刻停下正在進行的愛撫法，切換成震動愛撫法。在高速顫動之下，很奇妙的，陰莖又會回復到半勃起的狀態。這是因為射精處於交感神經興奮的狀態，但震動愛撫會促使心情放鬆，讓副交感神經發揮作用。記得事先跟男伴約定信號，像是「快要射的時候就握一下手」，這樣雙方就能盡情嬉戲。

緊貼口交＋愛撫睪丸

陰囊基本上是涼涼的，在妳的手包覆下會有一種難以言喻的溫暖。對陰莖採取刺激性的緊貼口交，同時在下方的陰囊傳來一股溫柔的安穩感覺。讓男生享受兩者之間微妙的落差。

往上舔＋瓶蓋愛撫法

把手勢轉到可以從上方撫觸龜頭，使用瓶蓋愛撫法。同時用愛撫的那隻手將陰莖舉起，朝著男生腹部的方向，舔舐陰莖繫帶。別忘了邊舔邊發出喘息聲。

這樣就能撐很久！

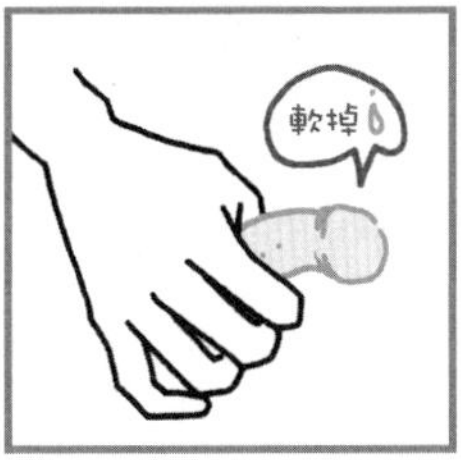

◀

切換成震動法

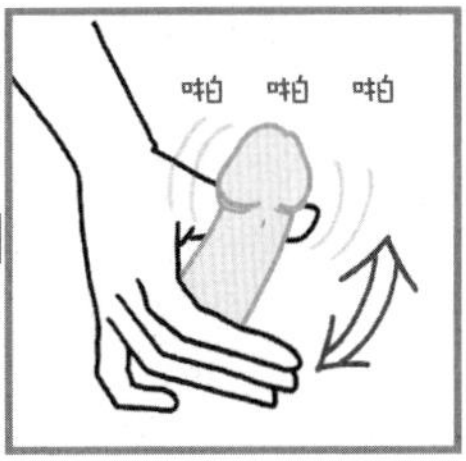

◀

約定信號

每個人都喜歡

愛撫男伴的乳頭

乳頭是男性寶貴的高敏感性感帶。
千萬別因為沒發出呻吟就輕易放棄或忽略。

全天下的男性都在等妳們愛撫乳頭。之所以這麼說，是因爲男性非常喜歡乳頭在被舔舐或用手指揪住時的感覺。在我的性愛學校中，也有已婚男性學員表示：「其實乳頭也很有感覺，但因爲很難爲情，不敢跟我太太說。」或是不少年輕男學員提出抗議：「我愛撫女生全身上下，可是她只幫我愛撫小弟弟，眞希望乳頭也能好好被愛撫！」妳有沒有認眞愛撫乳頭呢？

即便不像女生會發出「嗯～」「哦～」的嬌喘，但乳頭的確是男性陰莖之後、第二敏感的性感帶。如果妳的男伴還沒提出愛撫乳頭的要求，簡單一句話，就是因爲他的乳頭尚未被開發。

男性乳頭也跟妳的一樣，會隨著快感變硬勃起，同樣會在挑逗之下越來越有感覺。來，一起努力探索開發吧！

圖解

愛撫男伴的乳頭

用舌頭和手愛撫

用手指愛撫

先用指腹做亞當撫觸，調整到細微刺激也有感覺的程度，再加強刺激，用指甲輕搔，或用大拇指和食指輕捏，交叉運用。以各式各樣的愛撫法，讓乳頭不會習慣同一種刺激。

用舌頭愛撫

避免突如其來舔一口這種不優雅的行為。先把舌頭貼在乳頭前方10公分左右位置，在直視對方雙眼同時，以滑動全身的方式往上舔。第一次在碰到乳頭之前就停下來，第二次再舔到乳頭，挑逗對方。除了黏膩式的舔法，也可以用點舔法。

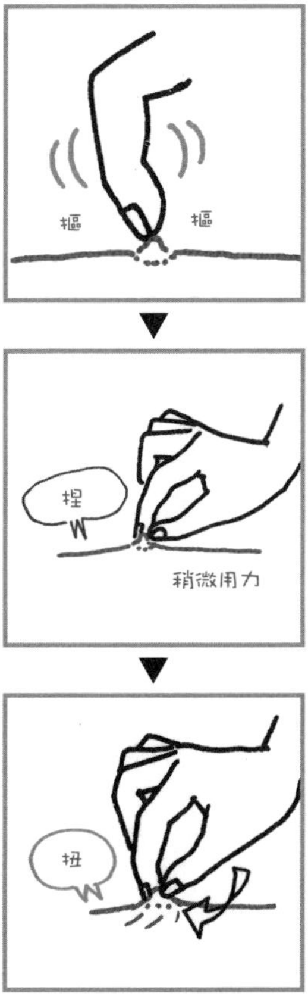

女

男

女性也會很舒服

股交愛撫法

男性的官能感受五成來自眼、耳，而最高峰就是騎乘體位。

在這個「寵愛視覺及聽覺」的騎乘體位上，外加手技，再也受不了啦！

光就交合時，陰莖在騎乘體位中得到的快感來看，實際上並沒有那麼強的刺激。即便如此，還是有很多男性交合時偏好騎乘體位，原因就是這個體位最能引起視覺上的興奮。女性跨坐在自己身上，沉溺於情欲中扭動纖腰的美麗姿態，讓男性有種直搗腦漿的興奮。若要另當別論肉體上的快感，顯然是使用按摩精油的雙手愛撫首屈一指。這個騎乘體位的股交愛撫，不僅最讓男性在視覺上感到興奮，肉體上也能享受最高快感，簡直就是「享盡好處」的愛撫法。當然，女生也能獲得難以估計的快感。

但是，各位男性朋友請注意！股交愛撫並不是交合的替代品，過程中想插入陰莖就太莫名其妙了。記得把這個愛撫法和交合切割，了解這是女性愛的展現，盡情享受吧！還有，用聲音和肢體動作表達快感也是一種禮貌。

圖解
股交
愛撫法

騎乘位股交

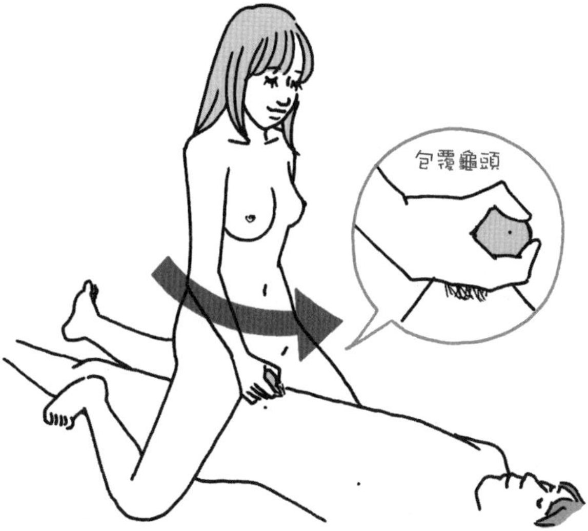

挺腰

在小陰唇和陰莖塗上大量按摩精油，小陰唇緊緊貼住陰莖，像要夾住一般，手掌包覆著龜頭握住。挺腰的時候就遮住龜頭，在視覺、聽覺上具有雙重刺激！

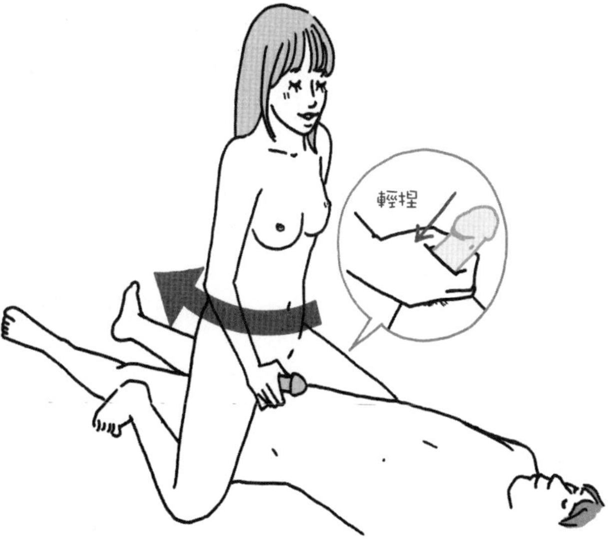

收腰

讓小陰唇和陰莖互相摩擦，一面收起腰部，同時讓龜頭像從手中探出頭似地愛撫，來回幾次。萬一男性射精，就趕緊把陰莖抽離陰道口。

女 → 男

※請搭配使用按摩精油。

愛要有膽識！

愛撫男伴的肛門

彼此坦率提出要求，還能毫不掩飾表現出享受的模樣。要構築像這樣理想的兩人世界，就從肛門愛撫開始。

我代表眾多男性發言，愛撫屁眼？開什麼玩笑啊！這種不想讓任何人看到的地方，還要暴露在女生面前，何況外加手腳趴在地上讓對方又舔又塞指頭，簡直讓人害羞到臉都要噴火了，這麼淫穢的行為……其實還眞想試試看！這就是男人如假包換的眞心話。最好的證據就是，舔肛門的服務在每個特種營業場所都被當成一大賣點。

全身上下再也沒有比肛門更難以示人的部位了。但正因為這樣，在妳的手愛撫之下，他能掙脫心理上的束縛，和妳的心合而為一，從此不再受到自尊和既有觀念的限制，單純以一個赤裸裸的人來和妳交流。話說回來，這種愛的極致表現，相信身為女性的妳也無法一開始就理所當然地大膽實踐。因此，一開始可以用手指在洞口輕輕動作，循序漸進即可。

圖解
愛撫男伴的肛門

用舌頭和手指愛撫

用舌頭愛撫

讓男方擺出換尿布的姿勢，雙手用力抓住屁股讓肛門露出來。從肛門經過會陰，直到陰囊下方，以點舔和往上舔兩種方式交替使用。嘗試做個在關鍵時刻大膽果決的女人吧！

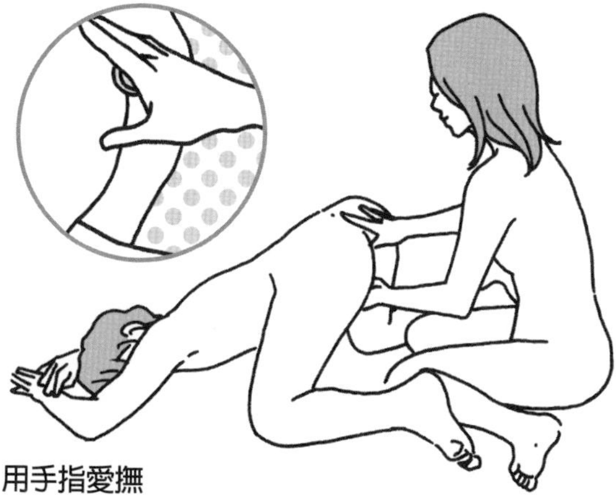

用手指愛撫

讓男方四肢著地趴著，在中指套上保險套，外面塗按摩精油。用指腹在肛門入口輕輕按摩後，緩緩插進，深入直到第二關節，另一隻手則從下方愛撫陰莖。

※請搭配使用按摩精油。

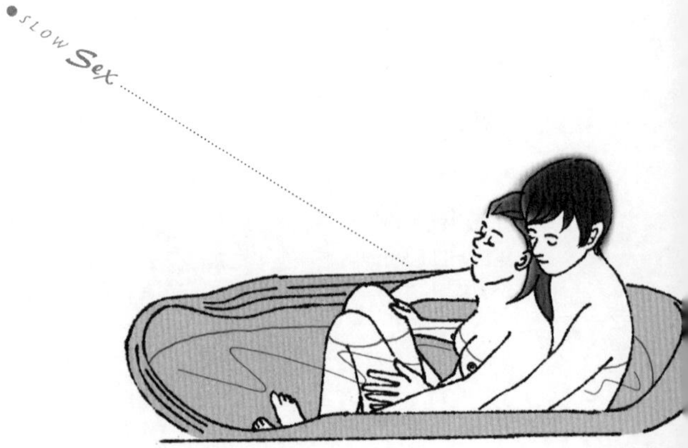
SLOW Sex

第五章

雙雙達到高潮的交合

愛與快感倍增的

雙人共撫交合

男性以自我為中心改變體位，只不過是小孩子的遊戲。
何不學習正確的理論和技巧，共享不同境界的性愛？

兩人想攀登上眞正情欲的頂峰，有一種絕對少不了的愛撫法，那就是「用男性陰莖愛撫女性陰道」。「什麼嘛，不就是插入嗎？」或許有人會這麼想。不過，以往你曾以愛撫的概念來看待交合，或是眞正實踐過嗎？

前些日子我翻閱一本書，作者是知名AV男星和婦產科醫師，但內容讓我大吃一驚。問題就出在「改變體位的原因」。根據書中所述，人們想出各種體位以防止性愛落入老套，男性更換體位是爲了避免馬上射精，藉由分心來讓自己更持久，但改變體位卻會給女方帶來負擔。這個說法並沒有錯，不過坦白說，兩位作者身爲專家，對於改變體位最重要的原因卻隻字未提。

採取多種體位其實是「爲了讓女性享受各式各樣的快感」，因爲每種體位都有「個別獨特的快感」。

如果只是動動陰莖，根本不需要什麼體位

一般男性大多認爲陰道的形狀是固定的，類似橡膠管的筒狀器官。就連天才達文西當年也留下一幅陰莖插入水管狀陰道的剖面圖，這眞是大錯特錯！陰道內部像是抽掉空氣的長形氣球，其中還有肌肉纖維組成、呈吊床狀懸垂的子宮。

當陰莖插入陰道內時，陰道壁會根據狀況柔軟收縮。換句話說，陰道的形狀和子宮位置會因爲陰莖插入的角度、深度，以及身體的方向（施加重力的方式）等條件而活動、改變。當然，這些狀況也會改變陰道壁與龜頭接觸的部分，接觸到的位置不同，女性感受到的快感種類也完全不一樣。沒錯！所謂的體位重點不在身體的形態，而是「陰莖用什麼樣的角度、插得多深」。

我至今和超過一千名女性有過親密關係，透過她們的協助，讓我得以收集大量數據資料，包括各種愛撫會有什麼樣的感覺，會帶來哪一種快感，然後進一步研究。當然，交合方面也一樣。因此，我能肯定地說，比方坐位和側位，女性所感受到的快感種類，就像用舌頭舔舐或手指輕捏乳頭的差別。

再回到一開始「交合是用男性陰莖愛撫女性陰道」的話題。

爲什麼連第一把交椅的AV男星和婦產科醫師都忽略了這個事實呢？因爲他們沒有把交合當成「一種愛撫法」吧。光是舔舐乳頭也有好幾種愛撫法，同樣的，用陰莖插入陰道的愛撫法也包羅萬象，而這些不同的愛撫法統整起來就稱爲「體位」。

愛撫的關鍵在於壓迫與震動

那麼，既然是「爲了女性而改變體位」，當然得讓女伴得到各種快感，否則就毫無意義。爲此需要的技巧就是陰莖的活動方式。

以愛撫乳頭爲例，如果是用手指愛撫，其實就有撫摸、捏掐、按壓、搓揉、搖晃等花樣。然而，用陰莖愛撫陰道，基本上只有三種手法——壓迫、震動和摩擦。壓迫是龜頭直挺進陰道壁時觸碰的刺激；震動則是在一～二公分的幅度，以龜頭不斷撞擊陰道壁；至於摩擦，也就是大家都熟悉的「活塞運動」。只不過，活塞運動摩擦到的只有陰道口，陰道壁幾乎不會有什麼感覺。因此，就算變換體位，因爲改變的只有龜頭和陰道壁的位置，陰道口接觸的部分依舊相同，光是一個勁地扭腰擺臀，摩擦的快感其實都一樣，毫無意義。請牢牢記得，來自龜頭的壓迫和震動，這兩種愛撫才能發揮變換體位的效果。附帶一提，壓迫和震動帶給女性的快感，絕非激烈活塞運動下的摩擦所能比擬。「交合時某部分的自己其實是清醒的。」「只覺得陣陣刺痛，想著怎麼不快點結束。」「老實說，每次高潮都是裝出來的。」

這些話雖然讓男人聽了刺耳，來到我性愛學校中的衆多女性卻不乏這類告白。而且會有這種感想的人，她們的男伴在交合過程中都只偏愛激烈的摩擦。這是不爭的事實。

雙人共撫交合的真正威力

使盡全力的衝刺放在最後就行了，在那之前也可以飄飄盪盪，偶爾貪婪地享受互相給予的快感。懂得這一點的話，身心都能保持輕鬆，這麼一來，不也會激發出不同的想法嗎？比方說，在陰莖和陰道爲雙方帶來快感時，空出來的手或嘴，也可以進行雙人共撫，或者把交合當作兩人共享喜悅的一段時光。這就是雙人共撫的交合。例如採取並列側位時，可以試著震動愛撫女伴的乳房，或輕捏男伴的乳頭。光是這樣就有說不出的舒暢、愉快，兩人的快感已經到了無窮無盡的境界。當激情攀升到百分之百的頂點，再以正常體位做最後衝刺，這就是愛的集大成！當兩人同聲高喊尖叫，宛如大爆炸地雙雙達到高潮頂峰時，連我也會喪失理性，甚至會擁抱在一起忍不住哭泣。

交合本身只像是鋼琴演奏，但加入雙人共撫的愛撫法就成了交響樂。就用這個想法譜出專屬兩人的交響樂曲吧！

坐位的享樂方式

交合的同時還能繼續親吻、對話、擁抱的絕佳體位。
深層的插入感，龜頭與陰道壁的接觸讓彼此腦中閃過愛的電流。

「兩人沉浸在情欲的世界，忘卻了時間」這樣的境界是性愛的最高理想，如同前戲與雙人共撫，交合也需要花上一段時間。基本上，前戲和交合的時間相等，這樣比例能創造出最高水準的官能感受。也就是說，如果前戲花了三十分鐘，交合時間大致上也要比照。

交合，就是「愛的共舞」。

不改變體位，只是一個勁地擺動腰部，就算能長時間交合，女性的官能感受也只是一直在底層游移。別總是可憐兮兮地只靠正常體位或背後體位，如果能交錯使用接下來將介紹的坐位、側位、騎乘體位，相信可以來段從容優雅、精采的愛之舞。

在印度性愛經典《愛經》中，坐位被定位為標準體位，也就是說，這在印度是屬於正常體位。

坐位最棒的地方，就是因為面對面，可以親吻、對話，自由自在享受任何愛的溝通方式。加上坐位的基礎式是全身上下高度緊貼，能夠在深情相擁下交合也是深受女性歡迎的一大原因。女性天生就是「希望被愛的生命體」，即便在交合過程中，單有肉體上的快感，並不算眞正享有官能之樂，因爲女人隨時隨地都想感受到你的愛。

當然，這也是能獲得肉體上高度快感的體位。首先，你能插得非常深入，不需要勉強反覆活塞運動，可以嘗試前後搖晃，或是繞動、上下震動大腿。這麼一來，龜頭舒服地摩擦陰道壁，會有一種無法言喻的酥麻深層快感一波波襲來，同時也會帶給女性深層的幸福快感。此外，採取坐位時只要稍微移動一下身體、換種方式，就能讓男女雙方享受到完全不同的快感，這一點也深具吸引力。坐位和面對面上半身立位、背後體位、騎乘體位一樣，並沒有一定要由誰來主導，男女雙方都有主導權，眞的就像共舞一樣，不斷地變換、旋轉，歡樂無比。坐位也是在做體位變化時的最佳中繼體位，例如可以從面對面上半身立位換到坐位，再從坐位轉成騎乘體位，在展開豐富的體位變化時非常有幫助。

由此可知，幾乎再也沒有比坐位更高明、更深奧的體位了。

圖解
坐位的享樂方式

基礎式

親自感受
藝術性愛的爆發力

男性盤腿坐好，女性跨坐在上方，雙腿繞到男性背後。插入之後先保持靜止，感受一下深層的插入感。接下來可以感覺到陰道像自己有生命似地，配合著陰莖的形狀緊密貼合。這是因爲女性身心因放鬆而解放，陰道會主動向陰莖靠近、緊貼。

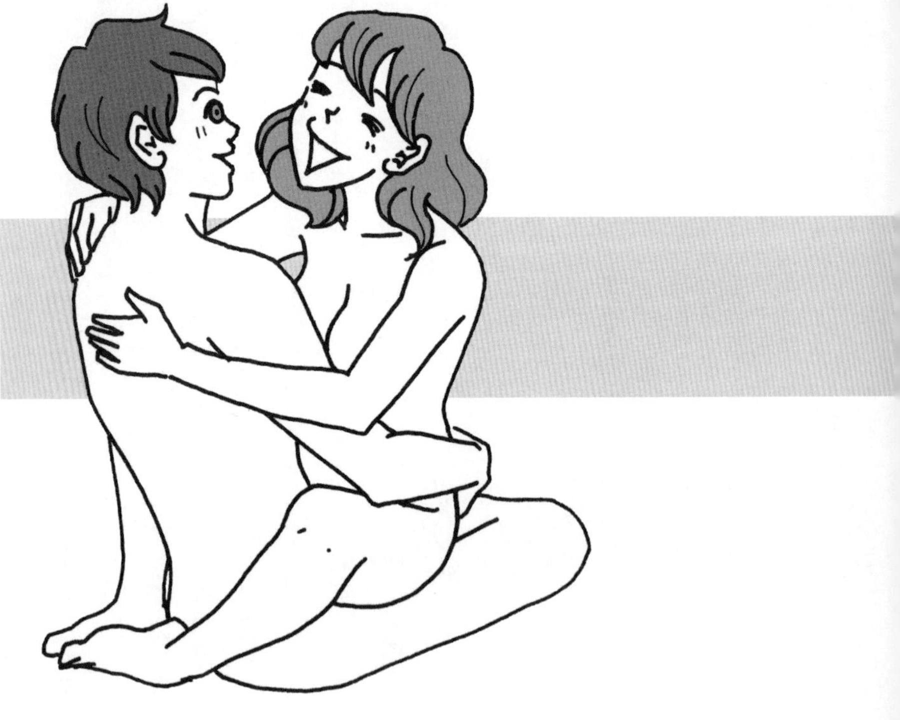

在有這種體位下可以施展各式各樣的雙人共撫。務必避免急躁的動作，耐心嘗試各種愛撫法。

貢獻度

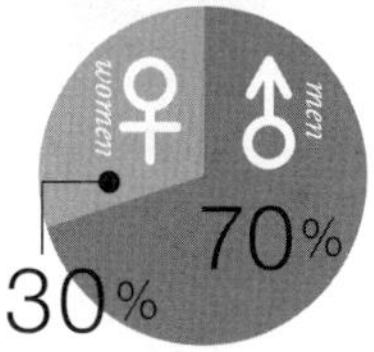

雖然支撐重量的是男性，但也能從女性獲得來自雙手或嘴巴的各式愛撫。

♥ 坐位的優點

1. 能享受擁抱、親吻、對話等各項愛的要素。
2. 動作平穩、舒適，有早洩現象的男性也能放心。
3. 能同時愛撫彼此相同部位，男女平等的感覺度高。

腰部的活動方式

繞動

以腰部為支點，上半身大幅度地轉圈繞動。另外，男性上下震動腿部也很舒服，但要留意別衝過頭，一下子就射精。

搖晃

如同小船晃盪的動作。男性將左手貼著女性肩胛骨一帶，支撐住身體。讓兩人上半身緊貼，以腰部為支點，活動整個上半身。不要光動腰部。

圖解

坐位的享樂方式

坐位的七大愛撫技巧

1
挑逗情欲的

對話

男 ⇄ 女

一旦兩人的情欲啓動，就算再怎麼難為情，也不能用不相干的廢話或說笑蒙混過，這是基本禮儀。不妨聊些令人臉紅心跳的猥瑣話題，只有兩人才知道的小祕密。男性也要盡情展現出「舒服的感覺」。

2
帶有故事性的

親吻

男 ⇄ 女

性愛功夫高明的男性，吻功也是一流。從雙唇感覺若有似無的輕吻，到品嘗舌頭柔軟的甜美親吻，以及把舌頭當性器官的情欲之吻，高手光靠親吻就能讓人享受各式官能之樂。把親吻當作性愛之前例行公事的男性得深切反省，別讓女生大失所望。

3
敞開心房

輕撫秀髮

男 → 女

愛撫秀髮是一種很自然的「幸福機制」。撫摸秀髮說著「好乖、好乖」，女性會因為你的愛而卸下心防，接納更深層的感官刺激。性愛就是如此美妙，只要稍微多點體貼，就會大大改變結果。

4

增加性能量的
亞當撫觸

女→男

在雙人共撫交合中，女性也要主動愛撫男性。雙手在背部左右兩側做亞當撫觸。愛撫的方向如同圖中箭頭所示，過程中別不發一語，記得在鼻子呼氣時發出「嗯～」的甜美喘息。

男→女

輕輕搖晃的同時，手掌緊貼著彼此肌膚做掌心撫觸，然後暫停晃動做亞當撫觸。對女伴愛撫仙骨和背部這兩個部位最有效。左手支撐身體，只用右手進行撫觸，以秒速3公分，順時針方向畫圈。

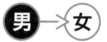

5 敏感度大躍升的 搔抓

肩胛骨

雙手指甲分別立在左右肩胛骨上方，沿著肩線往腋下方向搔抓。因為這部位沒有太多肌肉，要斟酌力道不要弄痛對方。

背部

交合時搔抓愛撫也很有效。手掌與肌膚保持水平，除了大拇指以外，其他手指垂直挺立，往上搔抓。力道大約像抓蚊子咬般的強度。

肩胛骨

在肩胛骨朝左右兩側輕輕搔抓。以每秒鐘移動10公分左右的速度，讓對方大腦感受指甲的動作。如果能表現出「因為太舒服了，忍不住用力抓」的感覺更棒！

背部

一定要試試對男性搔抓愛撫，這是製造小驚奇很棒的手法，能刺激男性潛在的受虐期待。男性身強體壯，加上感覺比較遲鈍，力道稍微強一點，有點疼痛也無妨！

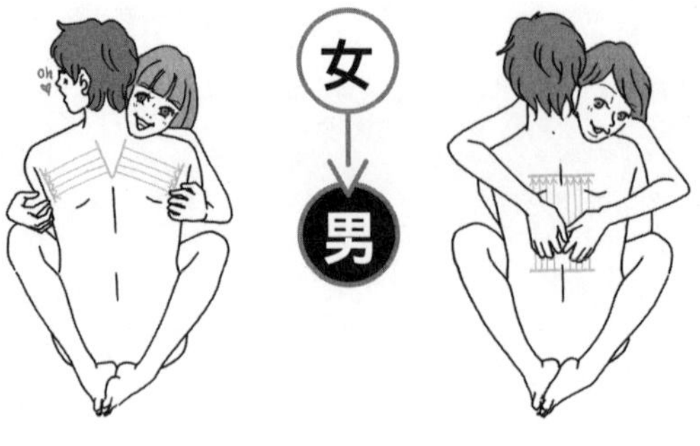

6 讓腦袋酥麻的 甜咬

女→男

甜咬肌肉時，對女生輕輕咬一口的強度或許恰到好處，但這樣的力道對男性來說就弱了點。就以不太確定「這麼用力真的好嗎？」的勁道咬下去，感覺像用上下排牙齒在肌肉間留下齒印的程度。

男→女

甜吻的關鍵就是要讓對方清楚知道「被咬了一口！」不能讓對方只有被咬的感覺，在咬下之前就要有一些戲劇性的表現。先用前排牙齒抵住頸肌和僧帽肌上方，再咬下去。

7 禁忌的 肛門愛撫

男→女

採坐位時女性的肛門門戶洞開，加上在這個體位下完全沒辦法閃躲，肛門簡直無路可逃！男性右手從外側繞到女伴的肛門口，用中指抵住，輕輕繞圈揉捏愛撫，手指不用進入就有很強的效果。

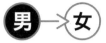

坐位的變化

上半身開闊坐位

**互相協助抽插
目睹結合讓人超興奮！**

兩人雙手撐著上半身往後傾，配合著節奏進行活塞運動。上半身開闊坐位的優點就在於能欣賞到彼此性器官結合的部分。不僅男性，女性也會因爲這樣的視覺刺激感到興奮不已。「妳看，插進去了。好色喔～」也可以這樣的話語配合演出。

男→女

除了愛撫乳房、乳頭之外，也可以從小腿肚到大腿做亞當撫觸或搔抓，用大拇指愛撫陰蒂也很有效果。

女→男

僅用右手愛撫。撥弄乳頭，或以亞當撫觸法愛撫腳底和腿部，建議把食指塞進腳趾之間愛撫。

♀ women 50% ♂ men 50%
貢獻度

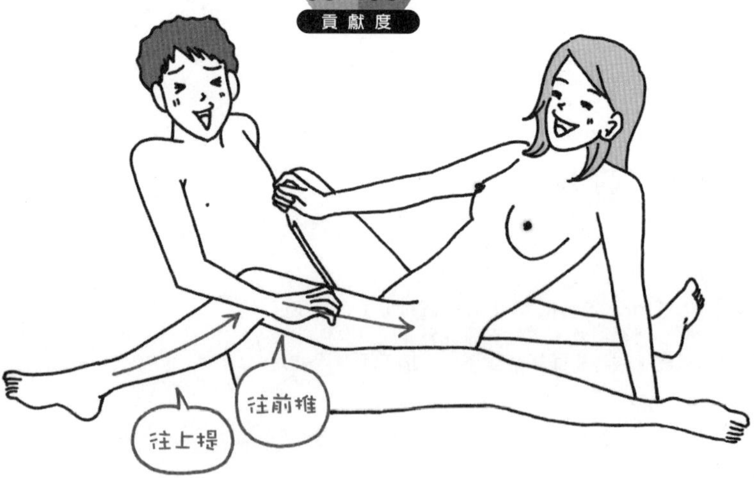

大腿交叉坐位

同樣在陰道內
也能得到不同的快感

兩人大腿交叉，上半身坐起。這個體位很棒，除了能插入得很深，也因爲陰莖插入角度稍微傾斜就能刺激到側邊的陰道壁。陰道壁受刺激的位置不同，連帶產生的快感也天差地遠。

男性要特別感覺自己龜頭觸碰到陰道壁的哪一帶。即便不扭腰，也會覺得很舒服。

男→女

用右手愛撫女性身體右側。以搔抓小腿肚為開端，接著對大腿直到乳房一路做亞當撫觸。

女→男

對腳趾甲、大腿、小腿肚，盡情施展亞當撫觸和搔抓愛撫。愛撫乳頭也很有效，一邊搔弄，一邊輕捏。

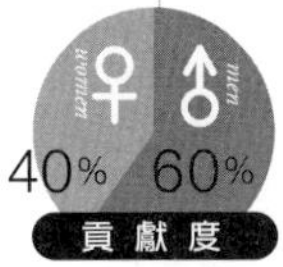

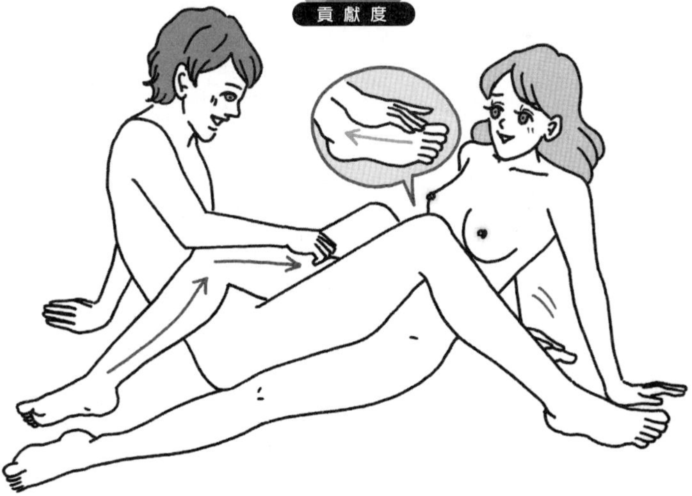

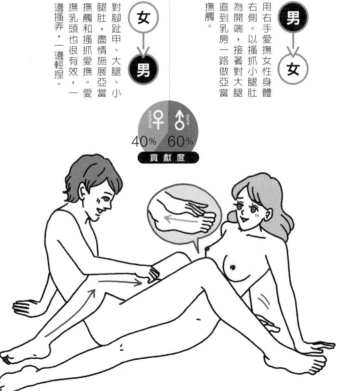

並腿側向坐位

兩人共享結合之下的喜悅

這個特殊的體位像是把男性當椅子，顛覆了以往認爲不扭腰就沒有快感的既定觀念。女性將身體轉成側向，雙腳併攏，緩緩讓陰莖插入。陰道壁經過龜頭一加壓，會有一種無法言喻、由體內深處發出的快感。可以微微震動。

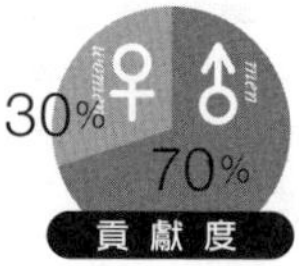

男→女

絕對嚴禁活塞運動，一不小心就會滑出。只要以讓肛門閉鎖的程度扭腰就夠了。另一方面，要盡情輕柔地愛撫乳頭。

女→男

與其扭動腰部，更重要的是品味性器官傳來淡淡的快感，同時主動親吻男伴。這是能傳遞愛意的絕佳體位。

側位的享樂方式

側位乍看之下困難，實際上是意想不到的簡單體位。因為重心穩定，能夠不慌不忙地享受各種創意愛撫。

側位是男性在夾住女性單腳的姿勢下插入陰莖的體位。

它的優點是因爲男性也保持橫躺的姿勢，由地板承受體重，所以非常穩定。這麼一來，不但能輕鬆扭腰，心情也能放鬆。當滿腦子都想著該怎麼扭動腰部時，根本不可能一邊觀察女伴的反應，一邊調整，也不可能注意到陰莖的角度，或手口並用愛撫。因此，對緩慢性愛的初學者來說，可以把側位當成基礎體位，再展開各種體位變化。此外，由於性器官周圍緊貼部分面積大，也有助於性愛醍醐味——性能量的交流。

另一方面，身爲女性的妳除了必備的甜咬和乳頭愛撫之外，也可使出「手指虛擬口交」，或是「鷹爪手」、強烈視覺刺激的「確認插入」等等。總之，有很多的花招可以靈活運用！

採取側位時，女性愛撫男性的祕訣是「掌握好時機做重點式愛撫」。和坐位不同，不管是以亞當撫觸法做大面積愛撫，或是從親吻慢慢進入肩膀的舔舐愛撫，都沒有比品嘗自己陰道傳來的快感來得重要。此外，這個體位很適合在過程中輕捏對方乳頭或用力搔抓大腿。

接下來介紹三種優異的側位變化，能在雙人共撫下讓彼此情欲高漲。

首先是將女性左腳夾在自己雙腿之間，以這個姿勢插入的並列側位。由於上半身和女性並列，可以用嘴愛撫乳頭，同時亞當撫觸側腹，總之是進行複合式愛撫的方便體位。

第二種是將女性右腳架在男性右肩上的張腿十字側位，在這個體位下很容易調整活塞運動。如果對扭腰的方式還不太有自信，或是有早洩現象的男性，務必熟練這個體位。從腿間可窺見女方沉溺在歡愉之海的表情，陰莖在女性性器官中出入的模樣也一覽無遺，是個在視覺上具有高度刺激的體位。

最後一種是男女上半身和下半身相反，也就是俗稱「松葉崩」的直列側位。在這個體位下可以充分享受平常容易忽略的腳部亞當撫觸或搔抓，不需要勉強活動腰部，反倒樂在尋找對方尚未開發的性感帶，能帶來更深層的感官享受。

平常花上兩小時看愛情文藝片的我們，花在彼此相愛的性行爲上總計大約只有三十分鐘，大家不覺得本末倒置嗎？若能善用這容易控制活塞運動的側位，加上自己的巧思，相信一定能輕而易舉就大幅增長交合時間。

圖解

側位的享樂方式

男性扭腰的方式

區分使用三種刺激 引領前往高潮世界

交合有壓迫、震動、摩擦三種刺激，配合體位可使快感倍增。側位也要看插入的角度，並列側位和直列側位多以壓迫和震動；十字側位則可享受到三種刺激。

壓迫

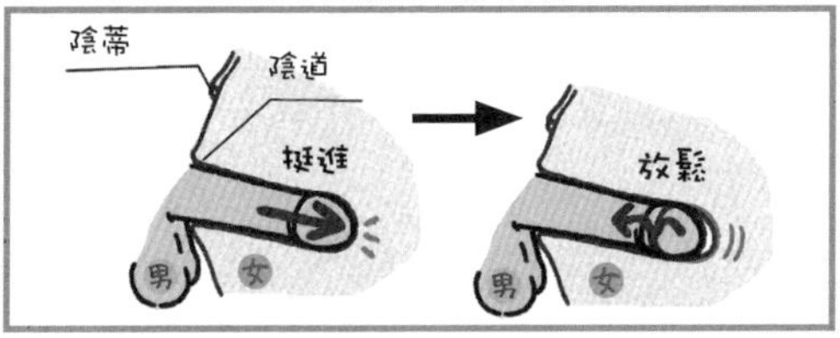

陰蒂
陰道
挺進
放鬆
男
女
男
女

從陰道口緩緩插入。進入之後龜頭前端筆直挺進，接下來稍微收腰釋放壓力。

震動

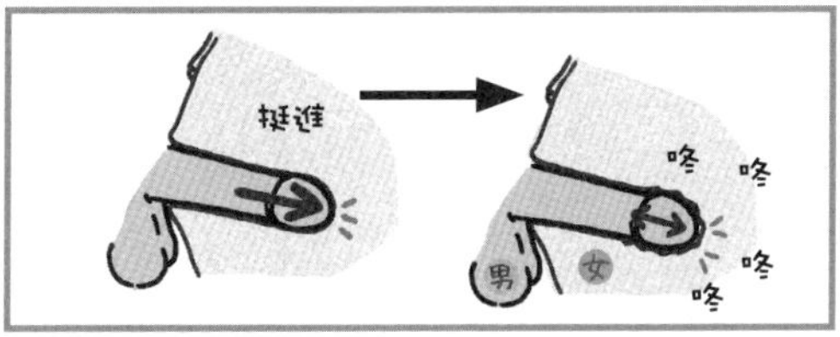

挺進
咚
咚
咚
咚
男
女

緩緩來回幾次壓迫之後，就可並用震動法。龜頭前端不離開陰道壁，以1～2公分的幅度節奏輕快地震動。

摩擦

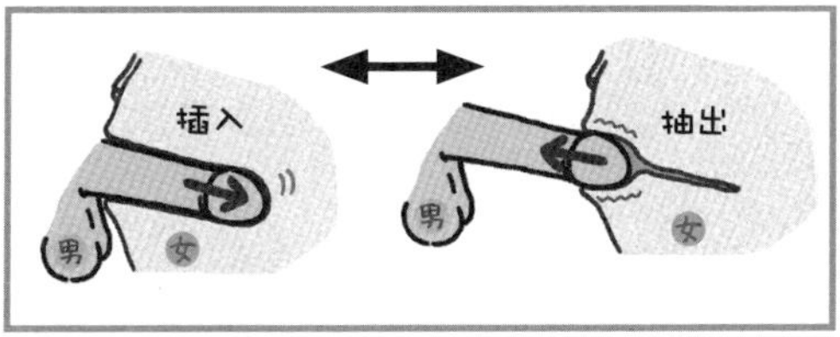

插入
抽出
男
女
男
女

產生摩擦的部位不在陰道內，而是在陰道口。因此，抽插一半也沒有意義，要將陰莖抽出到冠狀溝的位置。

♥ 側位的優點

1 具高度穩定性，可以冷靜地做活塞運動。女性也能放鬆享受！

2 乍看複雜其實很簡單，也容易展現豐富的體位變化。

3 兩人雙腿交叉可讓陰道緊縮，雙方都會很舒服！

側位的三大類型

並列側位

穩定性優越！
可輕鬆進行複合式愛撫

男性雙腳夾住女伴左腳，用手肘撐著，側躺在女伴右方，訣竅在於讓地板支撐體重，保持穩定。龜頭前端對著陰道壁「挺進之後迅速離開」，反覆小幅度的顫動。

壓迫＋震動的動作固然誘人，但若沒自信能持久，也可以像扭腰一樣搖晃，加上一點震動就很足夠。

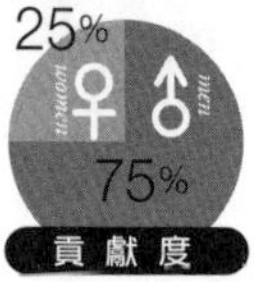

女 → 男

愛撫大腿

女性「有快感」就是對男性最好的愛撫。別只重理論而忘了行動，平常就要養成習慣，能夠下意識地施展亞當撫觸法，愛撫對方。

甜咬

在極度快感下忍不住拉起男方右手，炙熱地呼氣同時，朝小指下方或上臂三頭肌一口咬下！記得動口時要緩慢而確實。

愛撫乳頭

男性也很喜歡被愛撫乳頭。右手探索到男伴小小的乳頭，接著可以用指甲輕搔，或用手指輕捏。男性的乳頭也會變硬勃起！

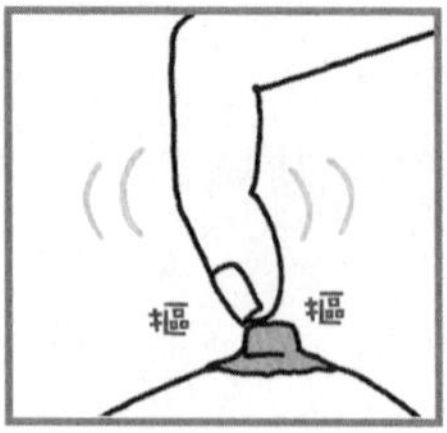

手指虛擬口交

鼻子呼氣同時，拉起男性的右手食指吸吮，方法就和口交一樣。男性也會因此獲得自信，「原來她舒服到想做這種事啊！」

○並列側位

愛撫乳頭

吸吮或輕捏都好，愛撫乳頭時完全自由發揮。可以用嘴吸吮右側乳頭，在舌頭翻騰的同時，以手指愛撫左側乳頭。再配合腰部擺動的話，絕對能讓快感衝到最高點！

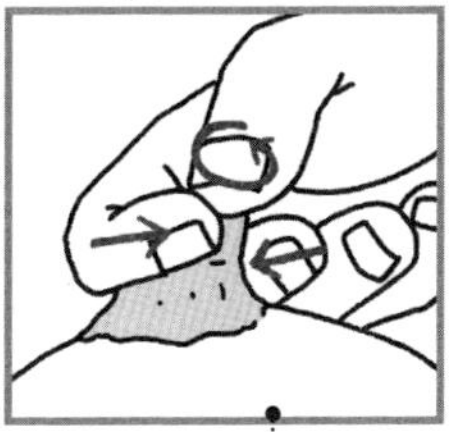

男 → 女

亞當撫觸

女性全身上下都是性感帶，即便在交合時也別忘了這項事實。以右手對女伴左側身體做亞當撫觸，尤其採行側位這種能放鬆享受的體位，配合撫觸會讓快感倍增。別用力抓乳房，以亞當撫觸法挑逗對方的心。

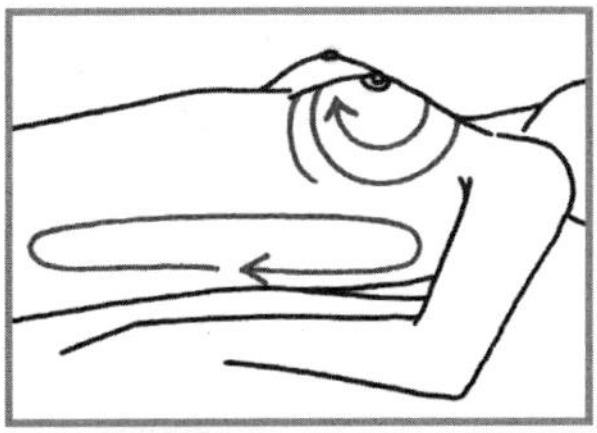

甜咬

「好喜歡妳，想把妳吃了！」這種情緒是人類很自然的反應。左手輕輕拉起女生右手，朝豐滿肉厚的部位咬下，表達這樣的想法。

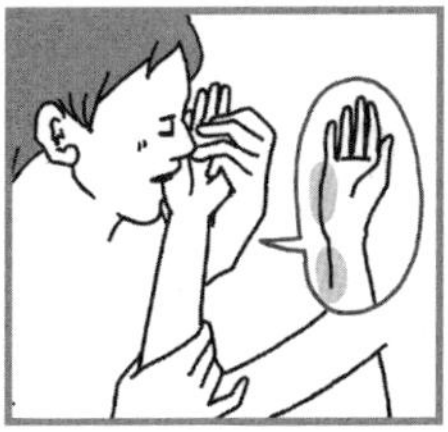

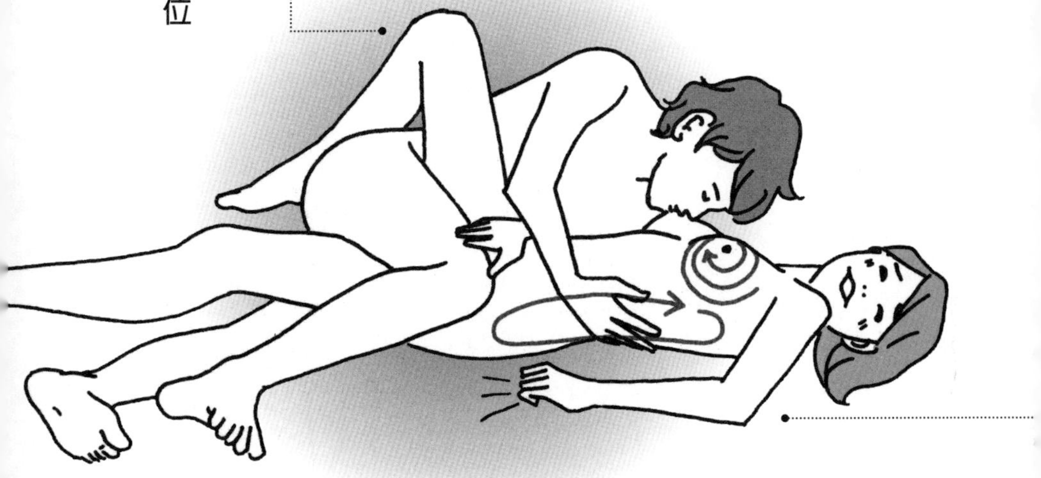

張腿十字側位

腰部活動隨心隨欲！亞當・德永推薦第一名

除了持續壓迫和震動，活塞運動的摩擦速度也能自由調整，是我個人推薦第一名的體位。但絕不能只憑一股衝動，活塞運動的條件是要充分濕潤，弄痛女伴簡直罪該萬死！當龜頭頂觸到陰道壁後，收起腰部讓陰道口和龜頭冠部位摩擦。大概以一秒鐘來回兩次的速度快感最棒。

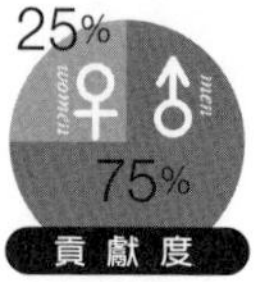

女 → 男

確認插入

右手放在交合部位，以食指和中指夾住陰莖根部，一面用性感的聲音說：「好棒哦……放進來了♥」男生最喜歡這種視覺和聽覺雙重刺激的表演。

愛撫乳頭

能碰到交合部位是這個體位的一大優點。在愛撫乳頭之前，先把自己的愛液塗在男性乳頭上。男伴看到妳這樣的動作，身心興奮程度瞬間飆升。

鷹爪手

精髓就在緩急搭配。先以亞當撫觸法輕柔愛撫小腿肚和大腿，接著以迅雷不及掩耳之勢一把抓住大腿內側的肌肉，用力抓到指甲要陷入肉裡！

搔抓

光是搔抓沒什麼意思，重點在於表現方式。比方說，四根手指的指甲靠在腳踝上，接著一面挺起上半身，發出「嗯～」的呻吟，同時搔抓小腿肚。

鷹爪手

類似老鷹捕捉獵物。伸長五根指頭的指甲，用力抓住大腿肌肉。抓住之後靜止不動，讓指甲陷入肉裡，留下印痕後再迅速放開。約略感覺到有點痛的程度剛剛好。

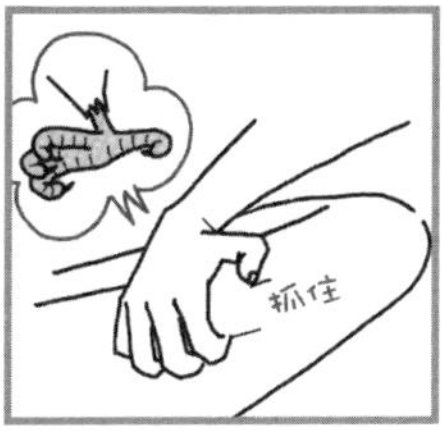

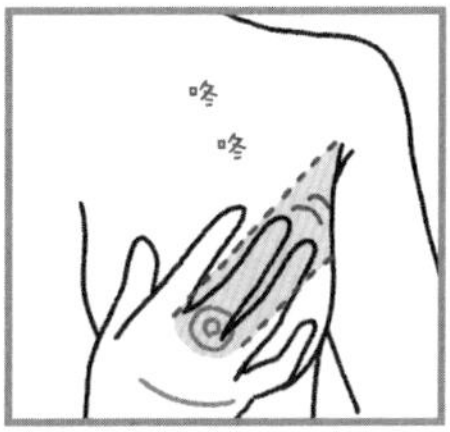

乳房震動愛撫

腋下與乳頭相連寬5公分區塊是一處隱藏的性感帶。這塊肌肉下潛藏著很敏感的神經，用中指和無名指輕敲，有節奏感的刺激會讓人興奮到快昏厥！

亞當撫觸

撐開女伴的腿，將一隻腳搭到自己肩膀上。如果女伴的筋骨較僵硬就不必勉強，可以放在男性腰上。接下來輕柔地對大腿內側和小腿肚做亞當撫觸。

男→女

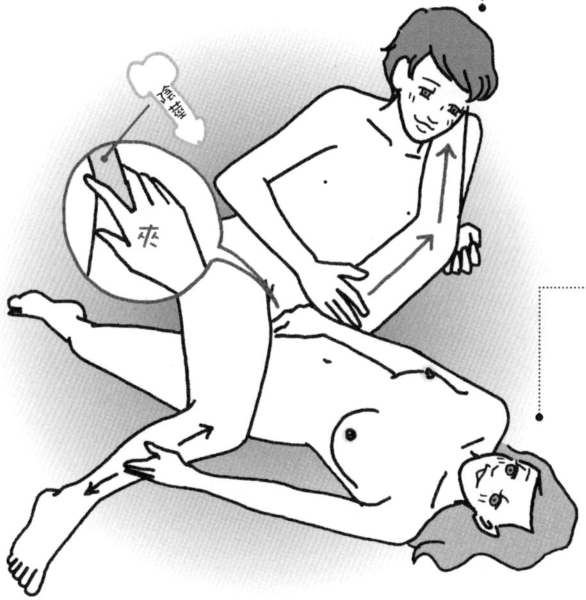

○張腿十字側位

直列側位

可搭配亞當撫觸法
近年再度出現的好體位

這是俗稱「松葉崩」的體位。從十字側位滑動上半身，讓彼此成一直線排列。這個自古以來就存在的體位，只聞其名卻沒什麼人實際運用的原因，就在於大家都誤會了腰部的活動方式。如果覺得「必須不斷進行活塞運動」，根本就沒辦法採用這個體位。兩人配合呼吸，搖晃似地活動腰部，才是這個體位

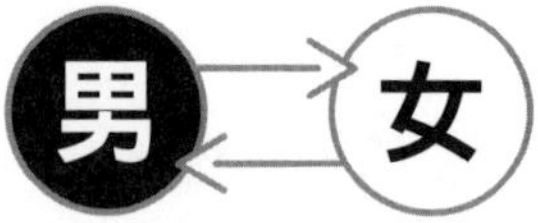

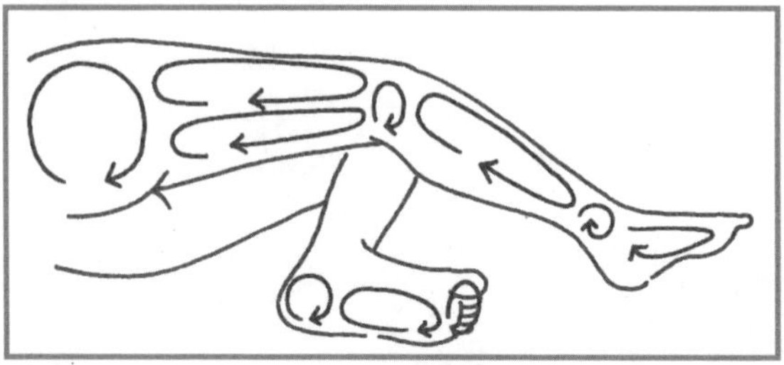

搔抓

緊緊抓住頭上腳下的愛侶的腳，這種日常生活中絕不可能會有的姿勢令人興奮，接下來盡情愛撫愛人的那隻腳。搔抓法最適合的就是這樣的時刻。

亞當撫觸

試著想像一下。從性器官襲來強烈快感的同時，還有從大腿傳來對方充滿愛意的輕撫，絕妙的快感就像要深入骨髓。美妙吧？這就是亞當撫觸！

的正確享樂方法。

互相抱著對方腳是日常生活中罕有的性感情境，專注在這股高漲的情緒中，和另一半以腰部來段對談吧。無論男性或女性，都可以磨蹭著對方的腳，在本能驅使下輕輕扭動身體，享受快感。

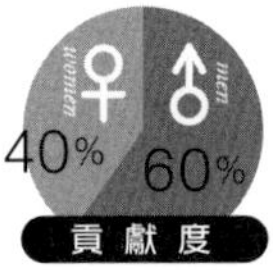

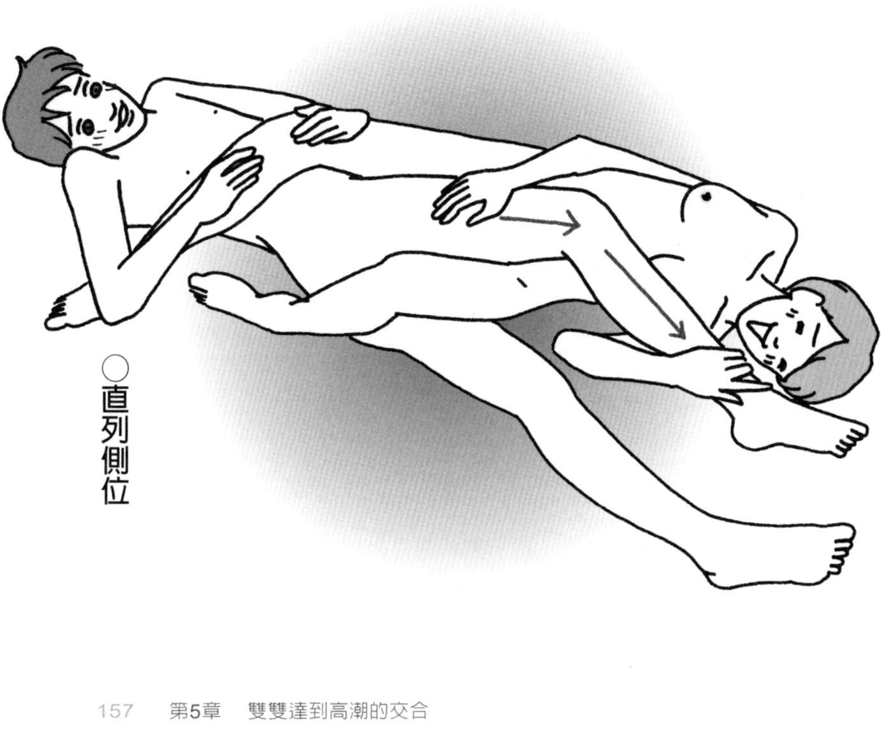

◯直列側位

騎乘體位的享樂方式

重點在於時機、扭腰的方式，以及女星般的演技。
在另一半的心上深深烙印百年難忘的官能饗宴！

如果男性放縱性欲，一心只想趕快射精，那麼一定要由女性的妳來主導，重新拾回以往在垃圾性愛中被捨棄的豐富感性與愛的深層交流，進一步創造幸福感。

騎乘體位是女性唯一掌握主導權的體位。這麼棒的體位，可惜似乎還是有很多人感到排斥。原因有下列幾種，「不知道接下主導權和換成騎乘體位的時機」「坐在上面不確定腰要怎麼扭才好。擔心自己的動作對不對，對方舒不舒服」等等。或許妳也是其中之一吧？

其實只要輕鬆說句：「接下來換我在上面嘍！」就能從男伴手上接下主導權，但對於生性害羞又體貼他人的日本傳統女性而言，或許是個沉重的負擔。在我主持的性愛學校裡有幾位優秀的女性治療師，據她們所說：「在交合過程中當女性取得主導權時，即便只有幾秒鐘，最好能讓對方在心情上歸零。」比方說，在經過坐位或側位的歡愉之後，心想「該輪我表現啦」，不妨先發出陣陣呻吟，「啊～等……等一下」表現出自己因爲「太有快感而受不了」的狀況，請對方暫且停下動作。主動緩緩抽出陰莖，刻意花幾秒鐘喘氣，調整呼吸，接著慢慢把臉移到上方，親吻另一半。在親吻同時連帶著漸漸將全身跨坐在男性大腿上即可。到了這個階段，他應該也猜到「換騎乘位嗎？」接著只要他起身緩緩插入陰莖，就搭好了這座屬於妳的舞台。這聽起來像在說笑，但這個建議確實讓性愛學校中很多原本討厭騎乘體位的女性，沒多久都搖身一變，成了「騎乘體位愛好者」，眞的是非常實用的好方法。請各位務必一試。

其次是扭腰的方式，事實上這一點都不難。女性刊物的性愛專題裡經常會有一些插畫，介紹採取騎乘體位時女性要不斷用力扭動腰部，這些都是誤解。因爲騎乘體位的基本並不在於活塞運動，本書會有詳盡說明，不用擔心！

讓男性敏感度三級跳的祕密，就是妳主導的舞台演出。此刻的妳，是在舞台中央聚光燈焦點的歌舞女郎。從跳著小步舞曲的楚楚可憐芭蕾舞伶，搖身一變，時而釋放出淫亂的雌性本能，時而擺出女王莎樂美的殘酷眼神睥睨情人，請自由發揮個人風格，將豐沛的愛意展現得淋漓盡致。

女性扭腰的方式

其實對女性來說這非常舒服

如果以爲這是爲了男性著想，眞是天大的誤會。因爲子宮頸和龜頭在不斷地相互搓揉下，會自行創造快感。了解訣竅的話，甚至會陶醉其中，忘了另一半的存在，繼續探索快感。這讓男性也樂在其中！

前後扭動

用膝蓋穩穩支撐重心，以腰部上方為支點固定上半身，僅用腰部以下像鐘擺一樣前後扭動。拋棄摩擦陰莖的想法。

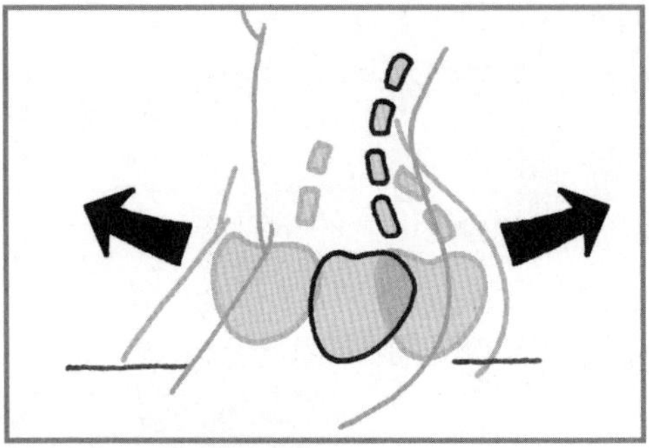

訣竅與重點

不需要像男性一樣的活塞運動。不用摩擦，只要以「腰椎第二、三節」前後左右活動，像繞圈一樣來回搓揉才是正確的活動方式。要記得，活動的目的不是「為了男性」，而是「讓自己舒服」！

♥ 騎乘體位的優點

1 由女性掌握主導權。以自己的感性將性愛化為藝術！

2 子宮頸和龜頭相互搓揉很舒服，是只有這個體位才能領略的快感！

3 善用騎乘體位的女性，男性不會輕易放手！妳的價值將一舉提升。

來回繞動

以腰部上方（腰椎第二、三節）為支點，光靠下方來繞轉。子宮頸與龜頭相互搓揉，快感會如同砂礫中的鑽石閃閃發光。

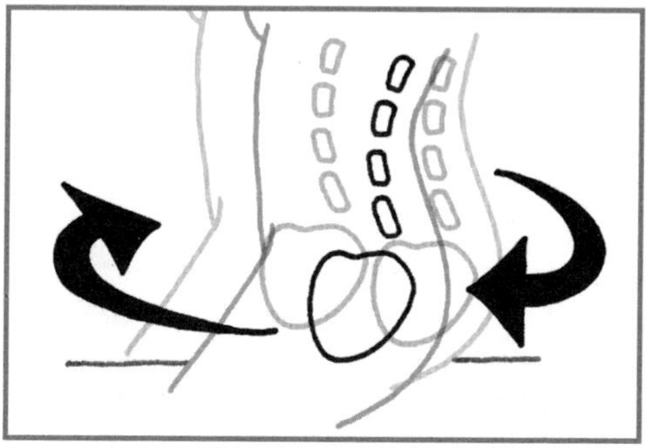

上下活塞運動

簡單說就是男性會做的活塞運動。如果以這個動作為主，女性得到的快感其實不大，而且會非常累。當做重點點綴就夠了！

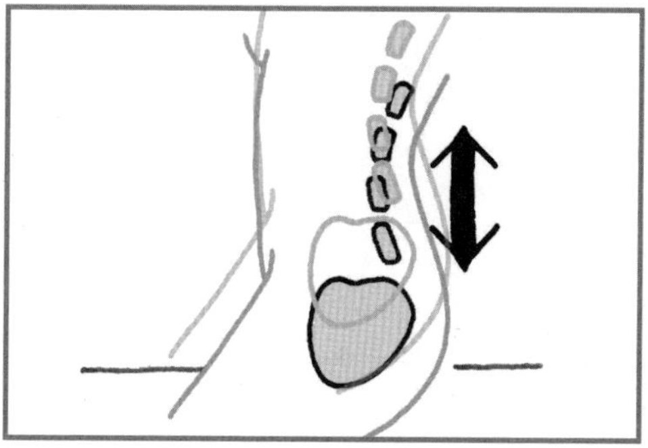

圖解

騎乘體位的享樂方式

性感首選七大招式

基礎式

來回繞動搓揉
藉此找尋快感

從跨坐在大腿上的正統M字腿面對面騎乘體位開始。腰部不要上下活動，而是像鐘擺似地前後繞動搓揉。這個動作在男性眼中也是充滿挑逗，這種視覺上的刺激是活塞運動也比不上的。外加雙手淫蕩地搓揉自己胸部更添性感～

男→女

對男性而言，最重要的是「發出舒服的聲音」。女性其實也希望能更有自信。此外，可以用雙手支撐女性腰部幫忙活動。

女→男

一旦掌握到訣竅，腰部動作就很自然。其他那些小花招都不需要，就像單純找尋舒服的感覺，隨心所欲地扭動繞轉腰部。

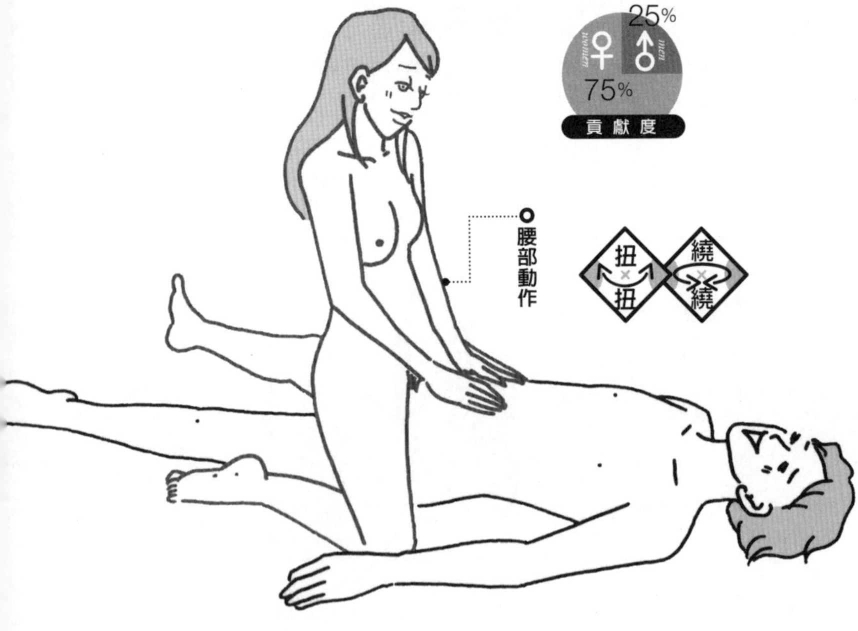

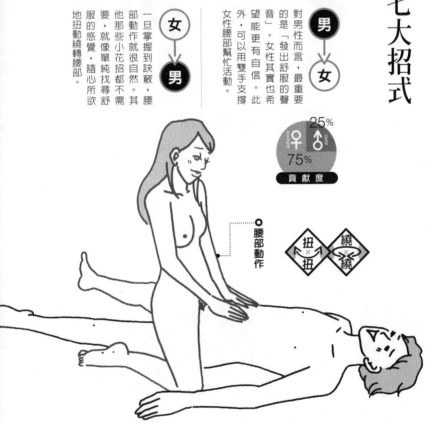

反拱上半身

發現官能新大陸！目睹結合讓男性大興奮

女性將雙手撐在後方支撐體重，反拱上半身。緩慢地前後扭動腰部。這和基礎式插入的角度完全不同，龜頭和子宮頸互相搓揉，可以感受兩者之間不同的快感。

對男性來說，雖然陰莖插入較淺，但對龜頭的刺激加上能清楚看到結合的狀況，興奮度大增。

男→女

對女生大腿做亞當撫觸，或以指腹緊貼陰蒂搓揉都很好。只不過千萬別成了和女性對抗的「愛撫大戰」。

女→男

這是刺激陰道前壁，很舒服的體位。記得使出媚功扭腰，讓男性可以清楚看到兩人合體的狀況。不需要活塞運動。

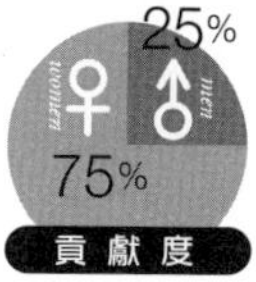

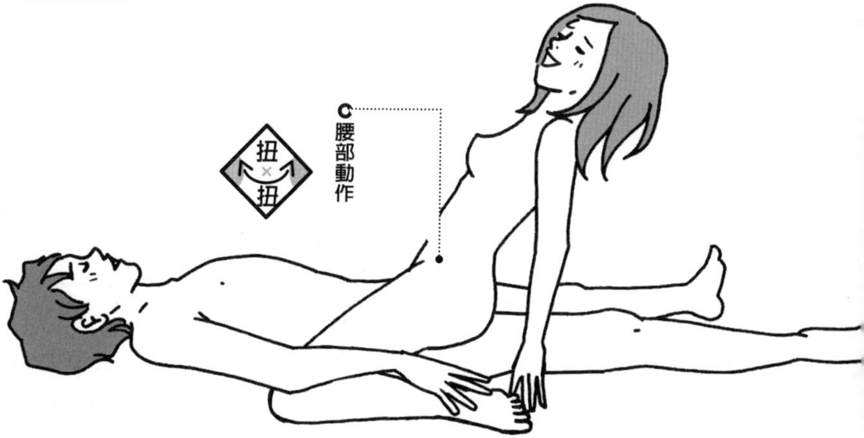

深擁

女性主導的正常體位 一舉擄獲他的心

從基礎式衍生，女性上半身往前倒，形成「男女顛倒的正常體位」，但也不用立刻展開上下活塞運動，僅挑逗性地扭動纖腰，也可以凝視著他，撒嬌要求親吻。男性別難為情，用呻吟表達快感才是正確禮儀，讓彼此情欲高漲的祕訣就在這裡！

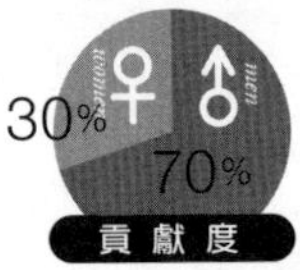

男→女

女方完全前傾時可以親吻，或對背部做亞當撫觸。當女性上半身稍微抬起來之後，不妨以鷹爪手揪住屁股，或是搔抓大腿。

女→男

除了發出不規則的呼吸、甩動散亂長髮的表演之外，也可以用亞當撫觸法愛撫男伴的臉和胸部，輕捏乳頭也會讓他很開心。至於體重，就完全交給男生承受。

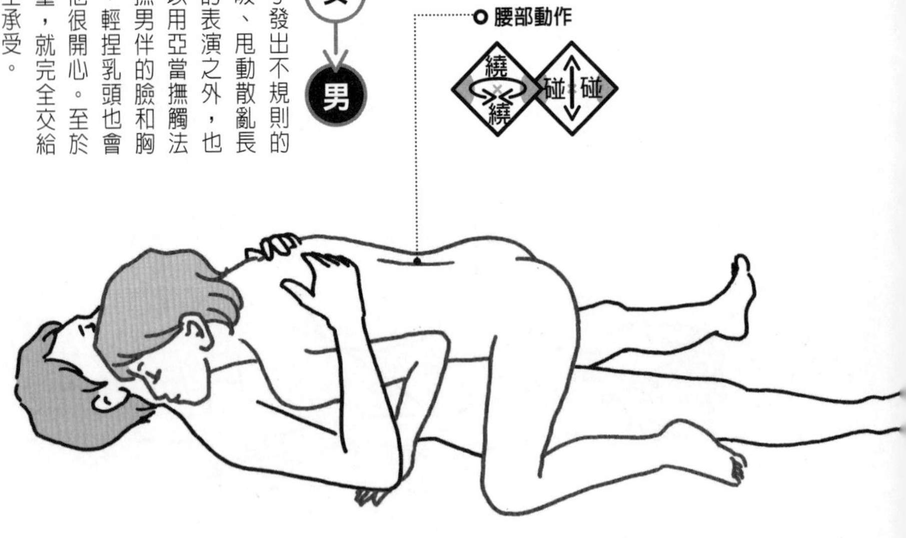

面對面如廁姿

較進階的體位
情欲高漲下不妨試試

這個體位可以讓男性將陰莖進出的狀況看得一清二楚，在視覺上造成強烈刺激。

女性用腳底和搭在男伴身上的手掌來支撐體重，因此穩定性較低，要繞動腰部相對困難。這個體位以上下動作爲主，由於女性獲得的快感偏低，可以當作爲心愛另一半做的特別服務。

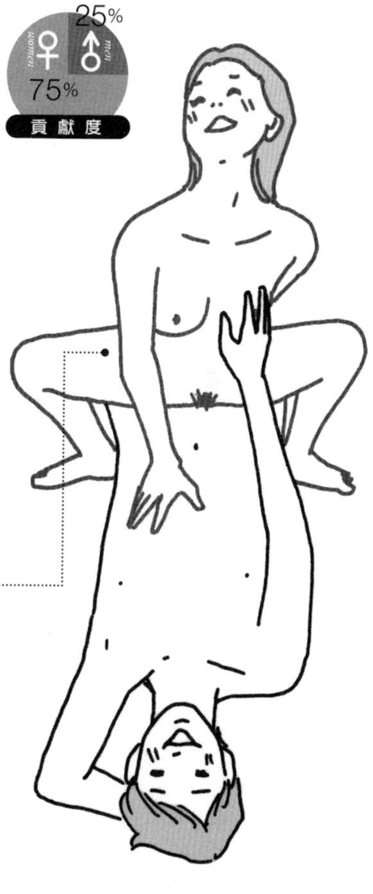

男→女

女性的陰道其實沒有太多感覺。可以愛撫乳頭或陰蒂幫助她得到快感，將心愛女人如廁的浪蕩模樣深深烙印在眼底！

女→男

上下活塞運動非常耗體力，累了就緩緩搖晃腰部休息一下。在摩鐵裡可以看著鏡子裡放蕩不羈的自己，一定會忍不住興奮起來。

背對如廁姿

雌性本能淋漓盡致
充分品嘗陰莖滋味

這也是以上下活塞運動爲主，但因爲有雙手撐著保持平衡，穩定性較高。重點是能完全將對方拋在腦後，就這樣忘我地浸淫在快感中！對男性而言也是一種官能享受。此外，女性直接將兩腳伸進男性打開的雙腿之間，也是值得推薦的體位。

男→女

雙手扶著女生屁股，幫助活動。可以用中指抵住女生暴露的肛門，繞圈愛撫，點燃女性的M性之火。

女→男

讓自己完全成為野生的雌性動物，不受任何原則束縛。盡情地讓小陰唇在男伴大腿之間摩擦，自由享樂。

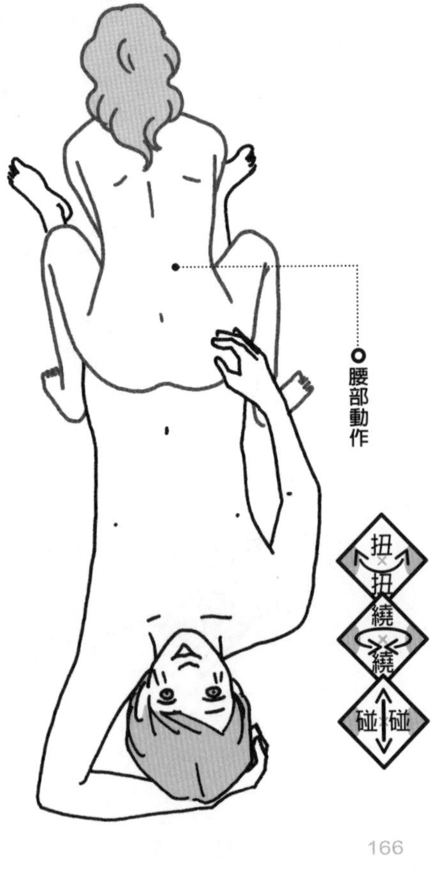

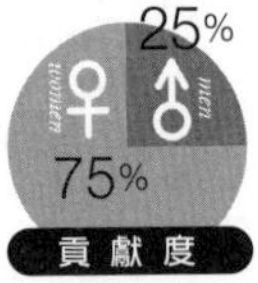

M字腿背對

針對大腿內側和小腿肚由男性施展各式撫觸！

從基礎式衍生，女性換成背對的體位，腰部的動作還是跟基礎式相同。

這個體位對男性而言，最開心的就是大腿上能充分感受到女性屁股的分量。在柔嫩且帶有重量的屁股壓迫下，有一種說不出的舒適，同時還會激發一股疼愛之情。此外，女性坐在自己身上的感覺也帶有刺激性。

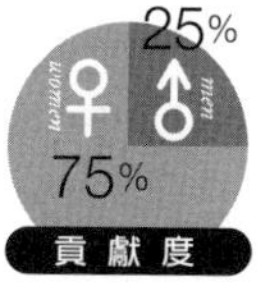

男→女

雙手對腿部內側做亞當撫觸，也可使出手掌緊貼的掌心撫觸，別讓背對的女性覺得孤單寂寞。

女→男

女性直接將上半身往前倒，就可讓男伴清楚看到交合的部位和肛門，興奮度大飆升。彎曲膝蓋的話就成了背對如廁姿體位。

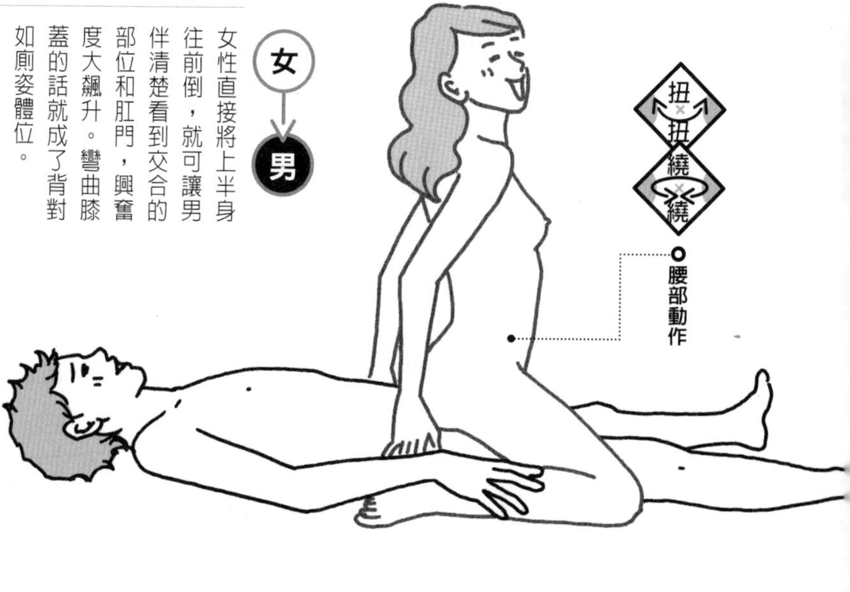

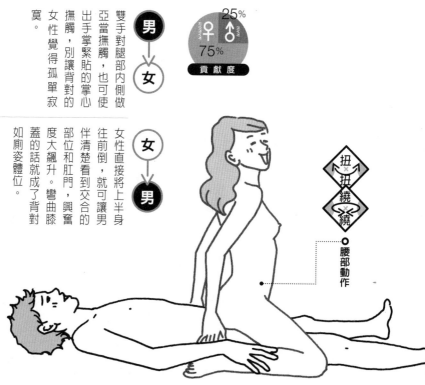

十字架

長了陰莖的長椅 不但舒服還很療癒

這個特別的體位是女性側向，雙手撐在後方，感覺就像坐在一張「長了陰莖的長椅」上。只有這個體位不必扭腰，只要以體重自然地前後左右輕輕搖晃，像是玩弄男伴快感的小惡魔。能夠放鬆享受各種體位變化，也推薦給有早洩現象的男性。

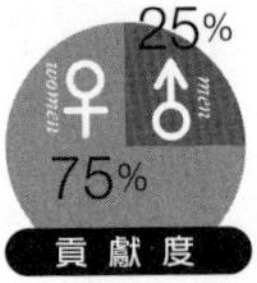

男→女

就把自己當成公園的長椅吧。要是過程中覺得快變軟了，可以輕輕挺腰震動，就能更持久。

女→男

如果男性稍微喘氣，可以開開玩笑說：「這椅子怎麼還會動啊？」藉此刺激他的M性格。由於插入較淺，要留意別滑出來。

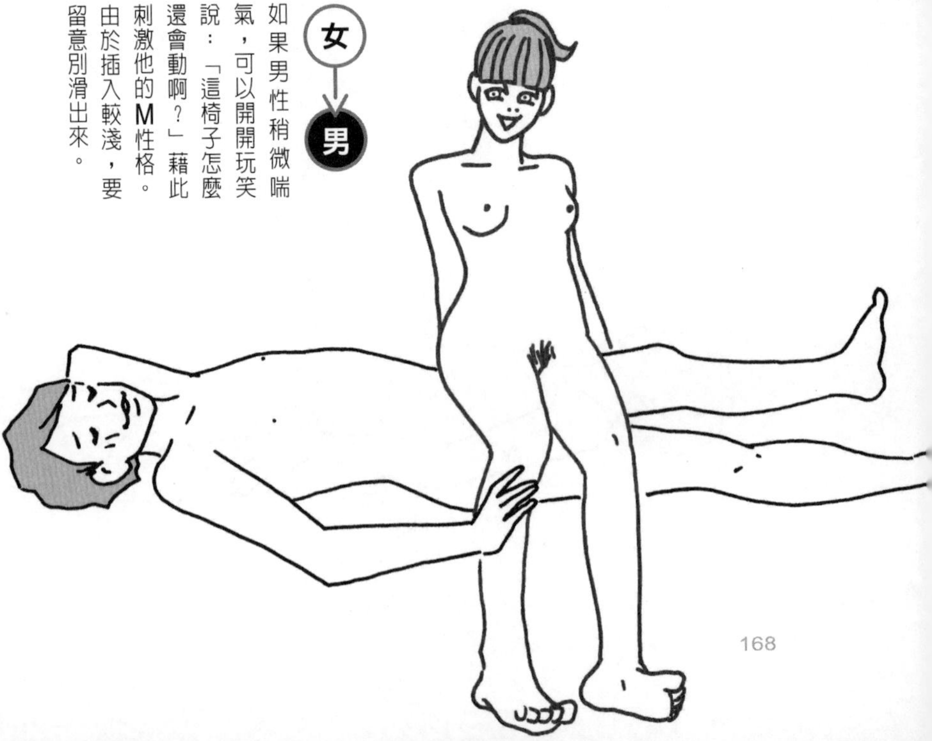

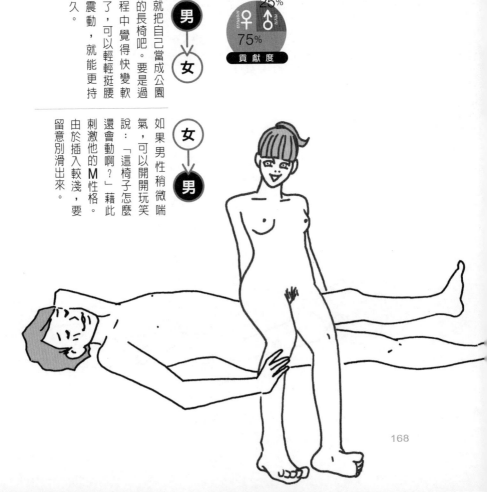

第六章

飯店御情術

提升敏感度的

御情術

在飯店裡，請把女伴當作公主、女王般小心翼翼伺候。
這不是什麼道德建議，而是因為這將帶來性愛中的激情尖叫。

請翻到下一頁，迅速瀏覽「開房到退房的流程與重點」。這是我實際反覆與超過一千名女性接觸後，整理歸納出的一套系統，堪稱史上最強的「開房休息教戰手冊」。你一定沒看過像這樣的教戰手冊，包括得先把浴室備品從包裝袋中取出歸位、比女生先出浴室等等。一些乍看沒什麼的「細微體貼」，累積起來就是左右女性在性愛中感覺是好是壞的重要關鍵。這絕不是危言聳聽。

飯店是有別於日常生活場景的另一個世界。不管平常如何爲你做牛做馬的女友、太太，一旦到了這裡，就要把她們當公主、女王來服侍。對另一半的溫柔體貼，女性的感動會比男性所能想像的強烈好幾十倍。這也連帶影響性愛中直接通往更深層的官能感受。在「眞的很珍惜我」的感動之下，女性的身心完全解放，與你交織出符合男女性機制的緩慢性愛，這麼一來，她就再也離不開你了。我說得一點都不誇張。
對於希望帶領女性奔向感官天堂的男性，有一點必須牢記在心。
那就是「從開始約會的那一刻起，性愛也同時展開」。
在步入飯店之前，女伴對於和自己做愛抱持多少期待呢？請了解這就是第一道關卡。在此介紹一個在約會過程中也很有效的服侍女伴技巧——「亞當散步法」，務必先學起來。
男性站在右側，右手繞到後方握住女性的右手。這時候，要把自己左手臂放到女伴右手臂後方，從側面看來就像兩人並肩散步。這麼一來，自己的左手臂應該可自由活動，就用左手隔著衣服對女伴的仙骨、背部、屁股等部位做亞當撫觸。尤其是仙骨，因爲這裡是性能量的製造工廠。像這樣邊散步邊談笑之間，也不斷慢慢做著亞當撫觸，能確實達到撫慰的效果及性的刺激。
別忘了，亞當撫觸的部位還有頭髮、左肩、左手臂。
訣竅就在於放鬆肩膀的力量，態度輕鬆自然，當然還需要持續不斷。
如果把左手伸到前方，在比較窄的巷弄中還可以一前一後地走，擁抱親吻也沒問題。當然，這些時候右手仍舊要握著女生的手。這簡直就是親密愛侶最理想的散步方式。

圖解
飯店御情術

開房到退房的流程與重點

0:00
START

進房（適用於摩鐵）

❶關掉房間裡的成人電影。
❷輕聲播放爵士樂。
❸拿衣架幫她把外套掛好。
❹端杯飲料給她。
❺在浴缸放熱水（四十度）。
❻跟女生一人在床上、一人在沙發上，保持一段距離聊天。
❼開口邀她「一起洗澡吧」。
❽確認浴缸中的水溫。

0:30

浴室

❾把毛巾、浴袍、牙刷等從包裝袋中取出，一一歸位。

❿清潔很重要。先刷牙。

⓫別看女生漱口的樣子。

⓬回寢室換上浴袍。

⓭「我先進去，妳也快來唷！」先行進入浴室。

⓮把浴室燈光調暗。

⓯有泡澡劑的話可以先加入。

⓰在女生進來之前先沖好澡，坐進浴缸裡等候。

⓱如果遲遲等不到，可以催促一下「快來呀~」

⓲女方進來之後別緊盯著不放，即便是自己的太太也一樣。

⓳「簡單沖一下就進來囉。之後再洗就好了。」

LOVE POINT

交合一回之後，再為女伴來一次口交。很奇妙的是，通常女性這時會比交合前更敏感。這招「回馬槍口交」可是隱藏版祕技。

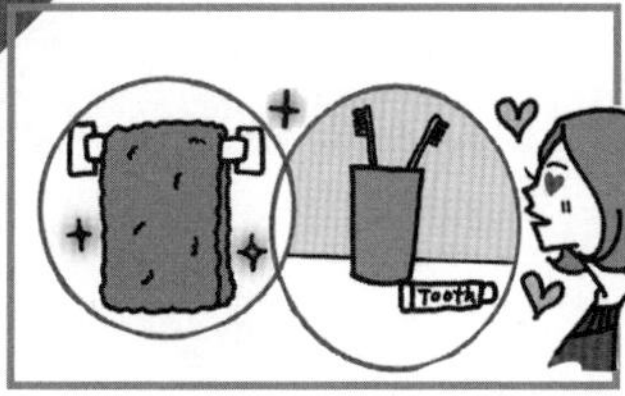

把裝在塑膠袋裡那些消毒過的杯子、牙刷和毛巾都一一拆封歸位，方便取用。對於你的貼心舉動女生會很感激。

接續上頁

0:50

⑳以從後方環抱的姿勢讓女生進入浴缸。

㉑「皮膚好滑嫩唷！」像這樣讚美對方。

㉒輕輕擁抱之後，自然而然進入愛撫（從P178的基本方式開始）。

㉓愛撫之後，再繼續泡澡放鬆。

㉔「妳要洗澡的話我先出去嘍！」由男性先離開浴室。

㉕把寢室的燈光調暗。

㉖把保險套從袋中取出，凸的一面朝上擺好。

㉗將爽身粉和按摩精油準備好放在枕邊。

緩慢性愛與垃圾性愛 女性官能感受的差別

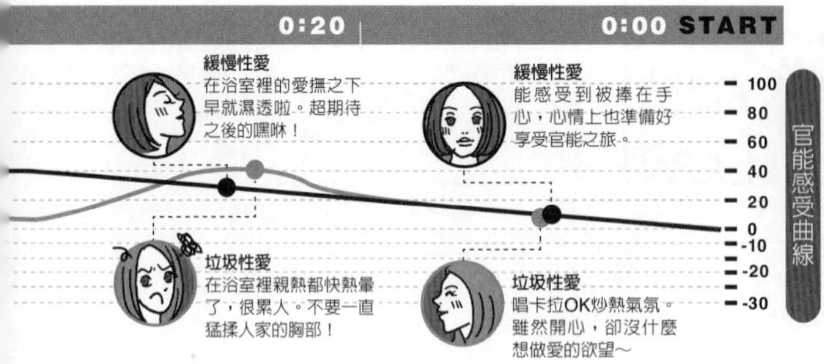
0:00 START
0:20
官能感受曲線
100
80
60
40
20
0
-10
-20
-30
緩慢性愛
能感受到被捧在手心，心情上也準備好享受官能之旅。
垃圾性愛
唱卡拉OK炒熱氣氛。雖然開心，卻沒什麼想做愛的欲望～
緩慢性愛
在浴室裡的愛撫之下早就濕透啦。超期待之後的嘿咻！
垃圾性愛
在浴室裡親熱都快熱暈了，很累人。不要一直猛揉人家的胸部！

3:00 2:50 2:30

GOAL

㉘躺在床上，將棉被掀開一半等候女生。

㉙請女生關掉浴室和洗手間的燈，邀請她上床。

㉚女生一上床後，就用彩虹親吻正式拉開序幕。

㉛經過亞當撫觸、口交、G點愛撫之後，才進入交合。

㉜享受過一次交合後，暫且抽出陰莖，牽著女生往洗手間。

㉝利用鏡子進行交合，在視覺上也會令人情欲高漲。

㉞維持背後立姿的體位，兩人合體回到床上（在P186說明）。

㉟這時候爲女生獻上第二次口交將效果倍增。

㊱切換回正常體位，全心全意邁向終點。

㊲不需要後戲。讓女生枕在手臂上，兩人舒服小歇。

㊳拿面紙將用過的保險套包好，丟進垃圾桶。

退房

㊴保留點時間從容退房，也是對女性的一種體貼。

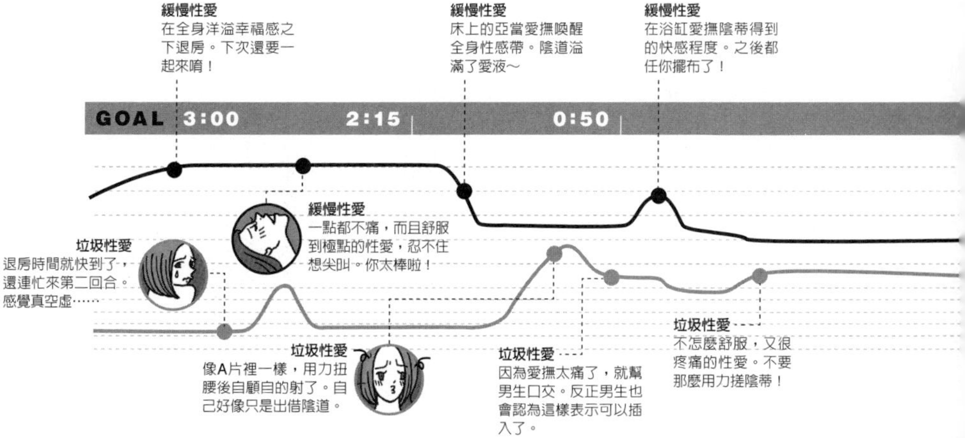
緩慢性愛
在全身洋溢幸福感之下退房。下次還要一起來唷！
緩慢性愛
床上的亞當愛撫喚醒全身性感帶。陰道溢滿了愛液~
緩慢性愛
在浴缸愛撫陰蒂得到的快感程度。之後都任你擺布了！
GOAL 3:00 2:15 0:50
緩慢性愛
一點都不痛，而且舒服到極點的性愛，忍不住想尖叫。你太棒啦！
垃圾性愛
退房時間就快到了，還連忙來第二回合。感覺真空虛……
垃圾性愛
像A片裡一樣，用力扭腰後自顧自的射了。自己好像只是出借陰道。
垃圾性愛
因為愛撫太痛了，就幫男生口交。反正男生也會認為這樣表示可以插入了。
垃圾性愛
不怎麼舒服，又很疼痛的性愛。不要那麼用力搓陰蒂！

你所不知道的

浴室愛撫的奧義

床上高潮的祕密就藏在浴室裡！

上演一場將電影價值提高數倍的精采預告。

你是不是只把浴室當作洗澡的場所？還有在洗澡時幫女生按摩，希望她在做愛之前放鬆全身？

這種行爲就等於眼睜睜扔掉通往高潮的門票呀！

把原本單純的例行流程一舉變成「最接近天堂」的沐浴時光吧！

緩慢性愛裡的沐浴時光，簡單來說，就是「在床上正式進入性愛前的預告」。在戲院看電影時，經常會播放一段將電影精采片段剪輯而成的簡短預告，性愛前的沐浴效果其實差不多就是這樣。

看了這段預告，女性會對接下來在床上展開的性愛產生無限遐想，這份期待連帶著不斷提升肉體的敏感度。

講得誇張一點，如果在浴室愛撫中讓女性看到了精采絕倫的預告，即便接下來在床上的性愛完全複製以往的內容，她一定也會認爲你的床上技巧大大進步，欣喜不已。

關鍵就在於強弱相間的刺激和挑逗技巧。比方說，在纖細的亞當撫觸中因快感而神魂顚倒時，突如其來朝肩膀甜咬一口，或是往大腿上抓一把。這種刺激的幅度讓女性想像在床上做愛的多樣化，不斷在心裡擴大期待：「洗個澡就使出這麼多花樣，待會到床上還有哪些招式呢？」

接下來是毫無遲疑使壞的挑逗技巧。在浴缸裡爲女生口交或愛撫G點時，對方心想「咦？就這樣結束了？我還想要~」的時候突然停止才是最高境界。也就是說，每個部位的愛撫絕不死纏爛打。爲了展現誠意而太過小心仔細，反倒會出現反效果。這部分和在床上的緩慢性愛剛好相反，這個重點必須區分清楚。

此外，還有幾個要注意的地方。首先是熱水的溫度。在浴缸中愛撫大約十五分鐘，這時候不管誰熱暈了都沒戲唱，尤其男性比女性先泡在浴缸裡等候，必須非常小心。一般泡澡的水溫大概四十二度左右，但這種狀況下建議不要超過四十度，稍微溫溫的就行了。萬一在女生進入浴缸前就有頭暈的感覺，可以先坐在浴缸邊，加入冷水調整溫度。

圖解
浴室愛撫的奧義

基本方式

1 熱水維持在微溫的四十度以後抱的姿勢迎接她

女生進入浴室後，請她簡單沖一下身體就可以進到浴缸。以從後方環抱的姿勢，男性上半身緊貼著女生的背部。在浴缸裡愛撫，重點在於獲得精神上的快感，藉由溫柔的愛撫傳達有多麼珍惜、憐愛對方的心意。

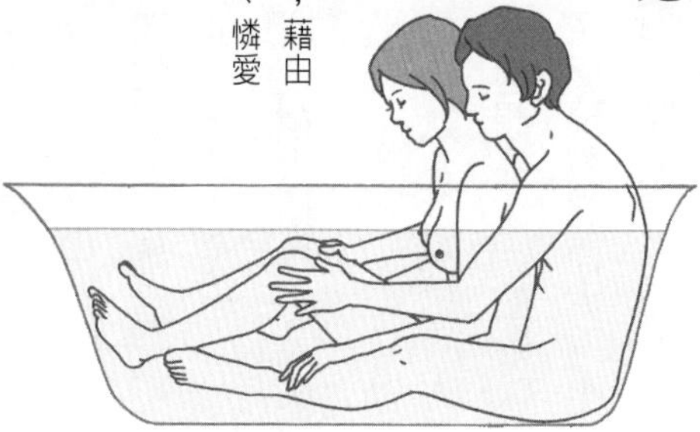

3 輕輕撐起女生上半身雙手在背後做亞當撫觸

慢慢把她上半身往前推，讓她稍微往前坐之後，雙手輕輕愛撫背部。將滿腔愛意都灌注到指尖上！藉由愛撫背部，女生會發現「從頭到腳他都愛我」，心中不斷擴大對後續發展的期待。

雙手自然所及的範圍即可，就像在畫大圓。注意不要流於一般的按摩！

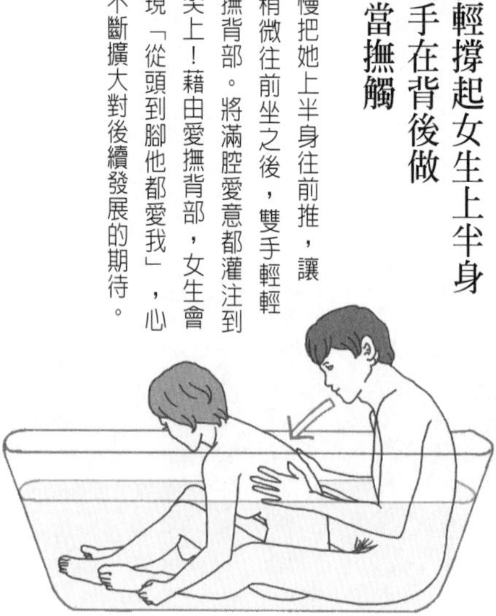

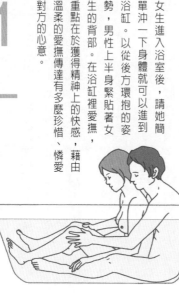

2 先從大腿、乳房、乳頭輕輕做亞當撫觸

這是浴室愛撫的關鍵點，能不能一舉讓女性進入情欲模式就看這時候。「皮膚好棒哦！」「真可愛！」像這樣在耳邊輕聲讚美、親吻肩膀。但切記絕對不要說廢話，要讓她認為「可以把整個人交給你」。

大腿

分別對大腿的內外側進行亞當撫觸。由於有熱水的抗力，很容易貼著肌膚撫摸，但仍要盡力保持隱隱約約的撫壓。

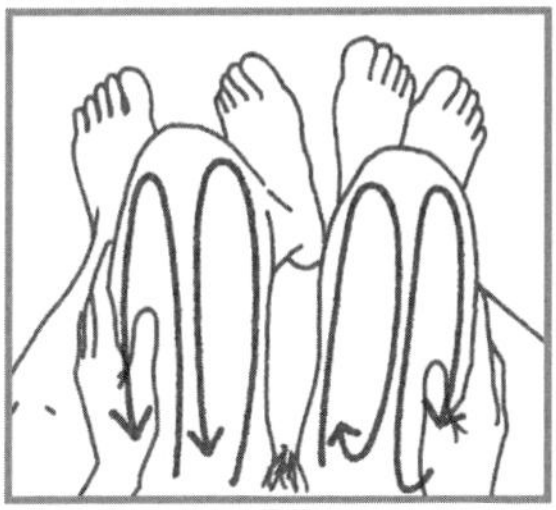

乳房

像是要愛撫肌膚周圍的熱水一般，以輕柔的撫壓來回約3次亞當撫觸。祕訣就在「還差一點點」的時候停下來。

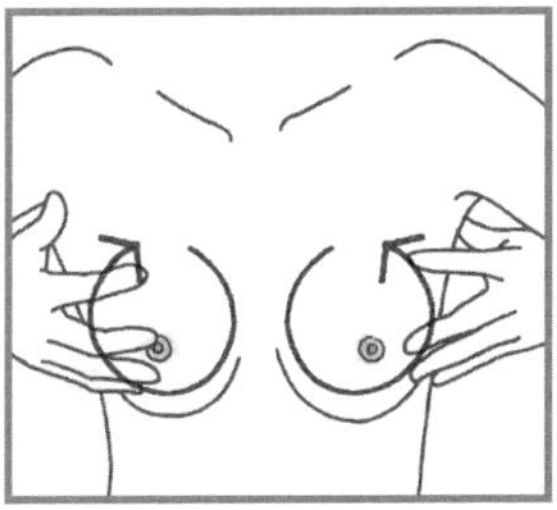

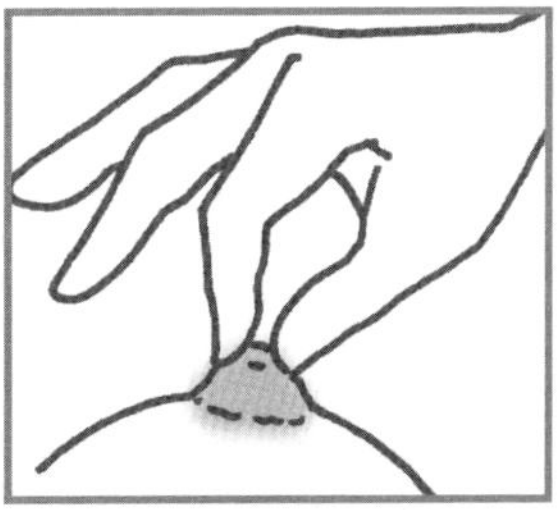

乳頭

輕捏乳頭，或是用中指輕揉。即便女生發出「啊～」的嬌喘也不能再加強，保持「待會保證讓妳更舒服」的心情。

女性的好～舒服心得

「先前緊張的心情瞬間變得輕飄飄。想到他這麼溫柔地深愛著我的身體，忍不住哭了。」
（陽子・25歲）

圖解 浴室愛撫的奧義

4 恢復後抱姿勢 愛撫大陰唇、小陰唇和陰蒂

到這個階段第一次接觸女性性器官，觸碰時要像是面對價值一億圓的名壺，態度千萬要慎重。此外，絕不要一廂情願認為「女生只要一碰就會呻吟」。就算沒表現在聲音或表情上，一樣很有感覺，所以不用太在意反應。以輕輕打招呼的程度即可。

女性的好～舒服心得

「光在入口輕輕觸碰就讓我濕透了。停下來時我不禁想，咦？就這樣？這個讓人心癢癢的方法真有效～」
（奈美・28歲）

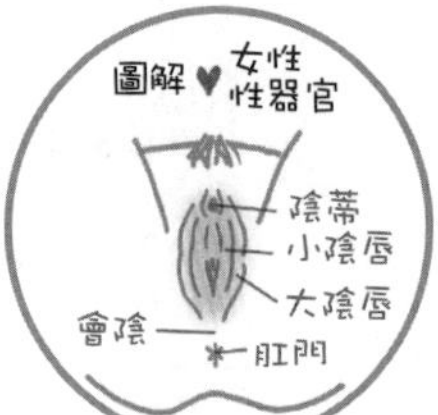

大陰唇

以食指和無名指上下移動，做亞當撫觸。不用拖太久，大概3～4回即可，但千萬不可以省略！

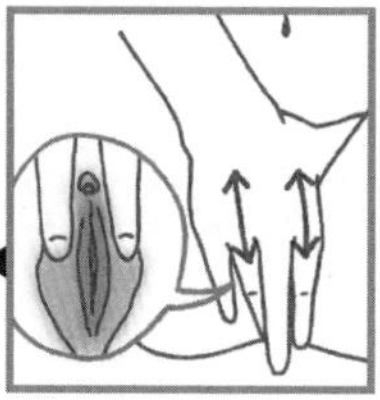

小陰唇

中指緊貼著，以上下方向愛撫。不要用力按壓，以輕碰兩側小陰唇的感覺來回5～6次。

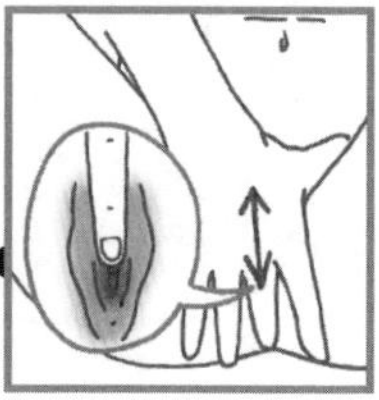

陰蒂

用一根中指以微弱的撫壓，微微震動愛撫。這時刻意不要撥開包皮，來回晃動1～2分鐘。

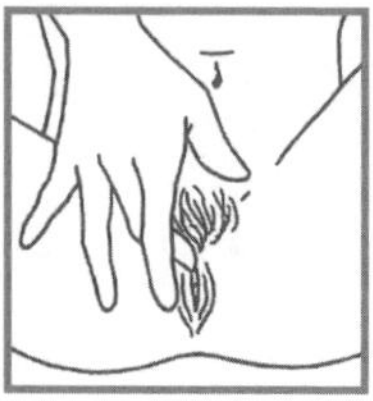

5 換成面對面擁抱姿勢 進入亞當親吻&開始親吻

當對方身心都放鬆後，接下來轉向面對面的姿勢。進房之後兩人都刻意不這麼緊密接觸，就是為了在這一刻得到最大感動。千萬注意可別一不小心就把陰莖放進女生體內，記得把陰莖收到腿下。

亞當親吻

這時輕輕的一吻反而有極佳效果。先由雙唇的亞當撫觸充分享受那份纖細的感覺。

開始親吻

感受彼此雙唇彈性的絕美輕吻。慢慢疊上自己的唇，將會發現女生原來是這麼軟嫩、這麼溫柔。

6 親吻同時也對背部做亞當撫觸撫慰女生

這個階段的背部亞當撫觸可以不用太講究手指的軌跡。不過，還是要嚴格遵守若有似無的撫壓和秒速三公分的兩大原則。盡可能自然流露愛憐的情緒，也別忘了愛撫製造性能量仙骨（腰），以輕柔的親吻和背部愛撫夾擊對方的心。

↓

7 把右手繞到後方用中指愛撫肛門

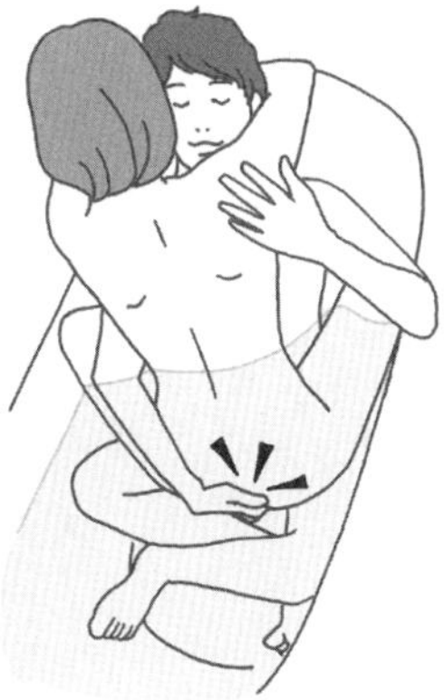

到了這個階段，女方完全沉浸在前所未有纖細而深層的快感與情欲氣氛中，而且身心都因為自己腦中對性愛擴張的期待而騷動。接下來觸碰在精神上有更高快感的肛門，以中指抵住，輕輕畫圓愛撫。

女性的好～舒服心得

「這輩子第一次的肛門愛撫讓我臉紅心跳，卻有一種說不出來的興奮和快感，回過神來發現自己居然忍不住就扭起腰來。真害羞～」
（由梨・31歲）

↓

8 讓女方上半身仰躺吸吮泡在熱水裡的乳頭

吸吮隱約浸在熱水中的乳頭。噘起嘴唇，輕輕吸起重點部位。在口中舔弄乳頭，也可以用舌頭攪動。在熱水中吸吮乳頭是一種有別於日常生活的興奮，能在腦中轉換為性的刺激。但記得這個步驟也只是一個過程。

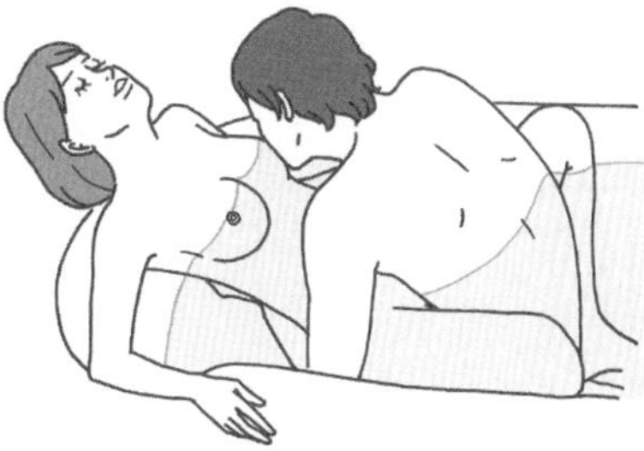

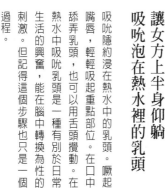

9

接下來兩人暫時分開以亞當撫觸愛撫大腿和側腹挑逗女性

吸吮乳頭之後，如果直接往下愛撫陰道，女生會有種早就看透的感慨：「果然還是這一套。」所以這時候兩人分開反而會有很棒的效果。要是對方因為難為情，開始說些不相干的話，就低聲建議：「試著把精神集中在指尖纖細的感覺。」維持大概一分鐘。

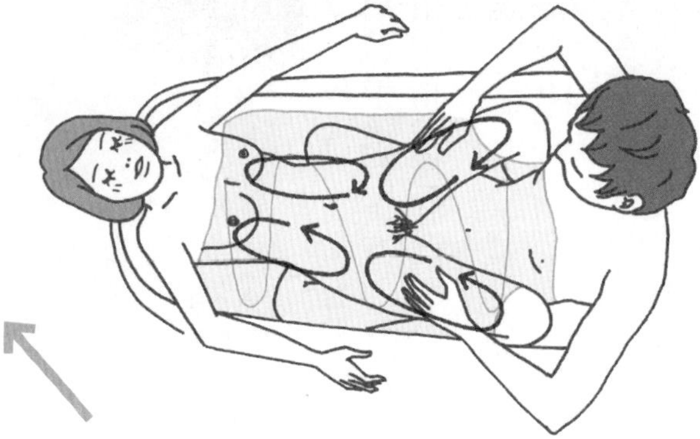

10

這次竟然從下面進攻？在熱水中往上撫弄陰唇和陰道口

先用食指、中指、無名指三根指頭，從下往上以類似招手的方式，愛撫小陰唇和大陰唇，訣竅就在於和熱水一起輕輕往上撫弄。在手指放進陰道之前這麼做三十秒左右即可。如果是陰道口比較緊的女性，加上輕輕按摩就能有效讓陰道口放鬆。

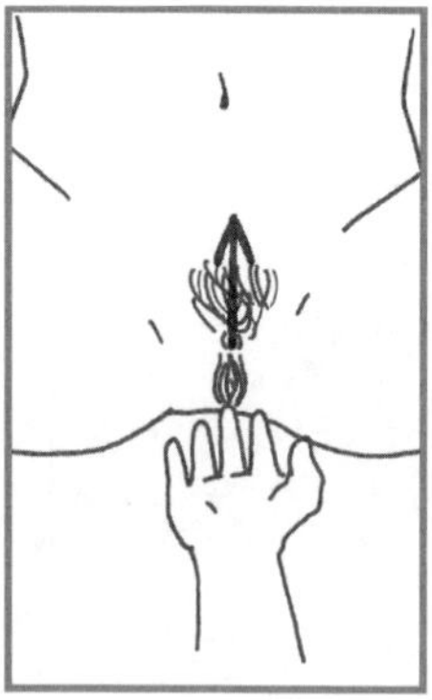

11 緩緩放進中指 輕柔愛撫G點 擴大對交合的期待

將中指緩緩插入陰道，到第二指節。指尖往前彎曲碰到恥骨，柔軟的部分就是G點。以第二指節為支點，輕輕敲動這裡，節奏比在床上愛撫時稍慢會更舒服。就在對方請求「還想要」時暫告一段落。記得要先修剪指甲。

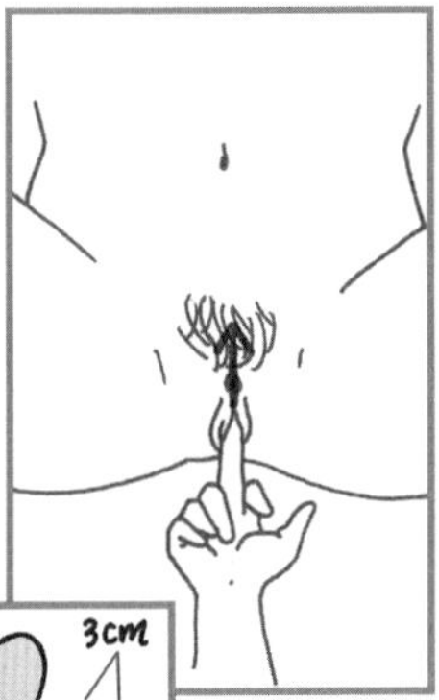

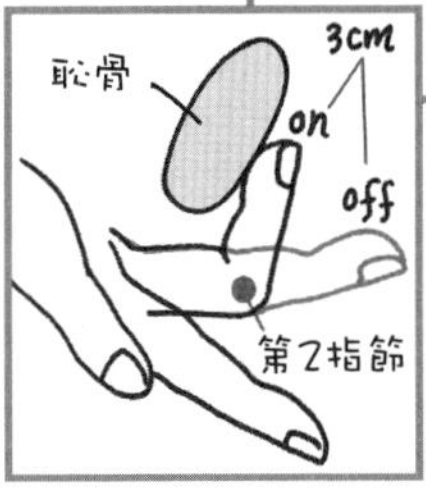

觸碰一秒後放開一秒。如果女生陰道比較緊，可以邊搖晃指根一帶，慢慢進入。留意不要讓熱水灌入。

女性的好～舒服心得

「在心癢難耐之中，終於進入那裡！緩慢的震動簡直讓人舒服得受不了。不行了，快瘋了～」

（香子・34歲）

12 把女生的屁股移到自己腿上 只讓性器官浮出水面 為她輕鬆口交

即將進入浴缸愛撫的高潮。把女生的屁股移到男生大腿上，保持穩定。固定在女性性器官露出水面的位置後，用兩手的大拇指撥開陰蒂包皮，為女生口交。口交的基本原則是「以極輕微的觸碰高速進行」，但這時要把速度減緩一半。在不讓對方達到高潮下，緩慢維持一分鐘。

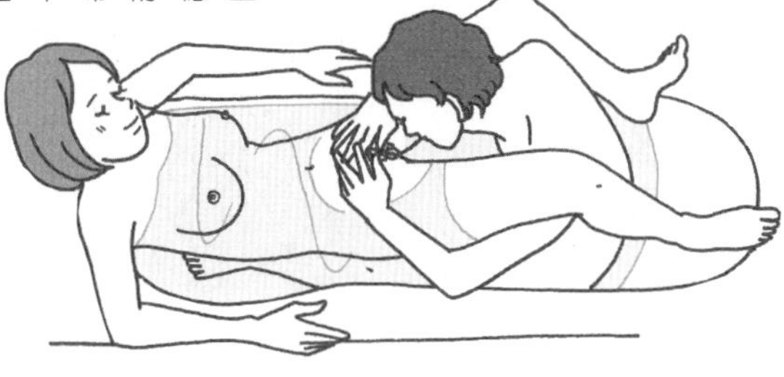

圖解

浴室愛撫的奧義

女性服務男性的浴室愛撫技巧

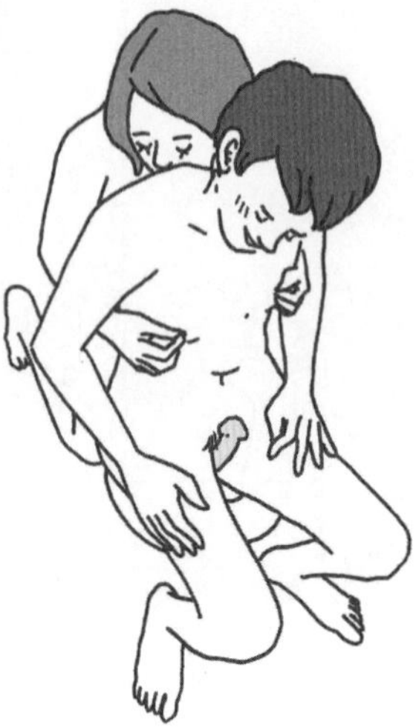

Woman's Technique A

讓男生坐在浴室小椅子上從後方輕弄乳頭

乳頭是男性繼陰莖以外，第二個容易有快感的珍貴性感帶。讓他在浴室的小椅子上坐下，先幫他輕輕沖洗全身。用自己沾滿肥皂泡沫的胸部緊貼在他背後，一面把手繞到前面愛撫他的乳頭。扭動胸部的同時，把臉貼近他耳邊細語：「奶奶頭也很舒服吧？你看小弟弟都在抖動了～」想必他也會很興奮。

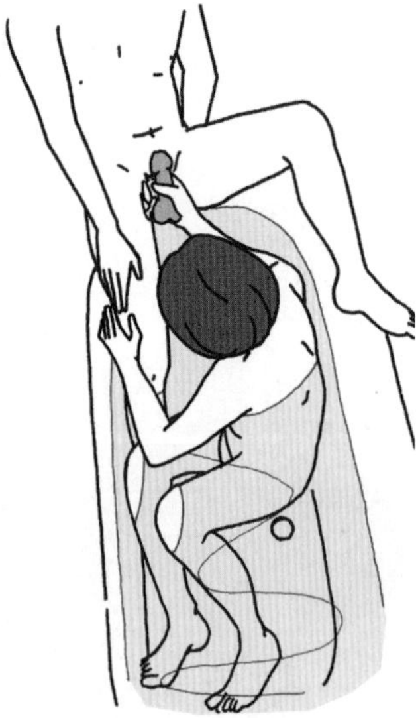

Woman's Technique C

讓男生坐在浴缸一角獻上國王口交

讓男性雙腿張開，坐在浴缸一角，同時為他口交。對於性愛沒什麼自信的男人來說，可以對他展現出「為他口交的同時逐漸興奮的自己」。不過，如果這時一下子讓他進入高潮就泡湯囉！這個姿勢的目的不在於肉體上的快感，請把重點放在氣氛上的感官享受。看到女生對自己的小弟弟愛不釋手，男生會特別開心。

B *Woman's Technique*

善用情趣小椅子 施展連行家都呻吟的超猛絕招

如果浴室裡有情趣小椅子，絕不能就這樣放過！一定要妥善利用。「這什麼啊？好怪的椅子喔，你坐坐看。」讓男方坐下後就開始愛撫。在他背部塗上肥皂泡泡之後，利用掌心撫觸法，手掌緊貼，一邊為他清洗，然後漸漸把手往下移，從後方輕撫肛門、陰囊和陰莖根部。

D *Woman's Technique*

相偕前往愛與歡樂的世界 一舉獲得魔法魔毯

比較有規模的摩鐵有的會準備乾淨的浴室踏墊。讓他俯趴在踏墊上，用乳液或按摩精油，在遊戲的心情下嘗試探尋各處性感帶。讓他彎曲一隻腳，對露出來的肛門、陰囊等部位輕輕做亞當撫觸，也有很棒的效果。認真玩遊戲才會有意思。即便男方大妳二十歲，此刻妳也要想像自己是大姊姊、前輩、主管，激發出他體內的M傾向。

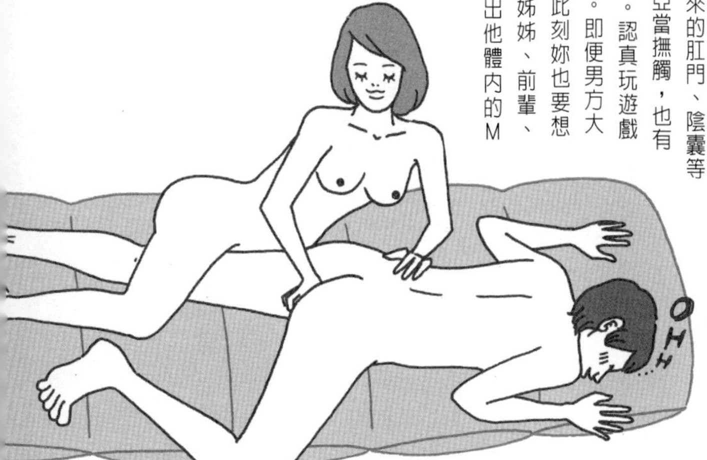

圖解
浴室愛撫的奧義

利用洗手台的交合技巧

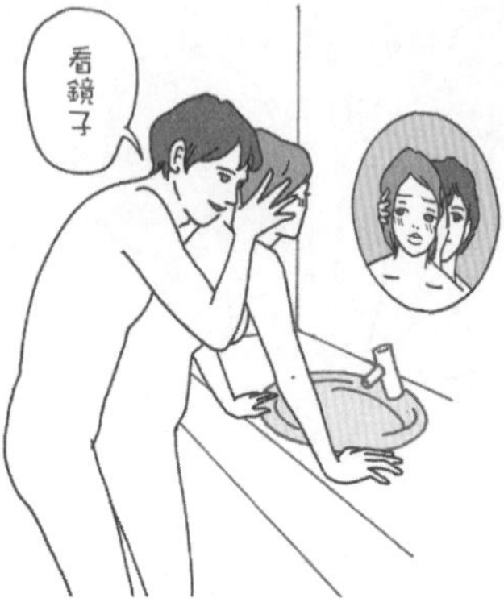

A Wash basin Technique

鏡面反射下快感增四倍 展現出性感放浪的模樣

在床上享受過各種體位的交合後，輕輕抽出陰莖，溫柔地牽著她到洗手間。以背後立姿的體位，讓兩人出現在鏡子裡，這一幕也會讓女生很興奮。即便寢室中有鏡子，但在洗手台的鏡子前交合會感覺跳脫日常生活，刺激也隨之倍增。重點在於把臉湊近她的臉和耳邊，讓兩人的表情一起出現在鏡子裡。別忘了悄悄說些淫聲浪語。

C Wash basin Technique

緩慢性愛奔放自由 趁機會試試獸性的做法？

完全展現本性，以自我為中心的性愛是垃圾性愛，但若兩人一起享受獸性性欲就沒問題。比方說，圖中介紹的這個體位，從側面看來感覺是「充滿獸性的性愛」，非常淫穢挑逗。女生一手扶著洗手台，另一隻手撐在旁邊牆上。沒有牆壁的話，就要速戰速決，別讓女生累癱。如果對方在意微凸的腹部，就跳過這個步驟，這也很重要。

Wash basin Technique B

女生可以彎曲膝蓋 讓插入角度多變化

女方彎曲膝蓋，可以享受比背後站姿更激情的交合。或是讓女伴上半身前傾，改變骨盆的角度，能插入得更深。經過鏡面激發精神上的感官享受之後，充滿獸性的性愛保證讓她銷魂尖叫。話說回來，即便再激烈，「比起摩擦，陰道對壓迫和震動更有快感」，因此小幅度的快速戳插會讓對方更舒服。過程中要小心別讓女生的頭撞到水龍頭。

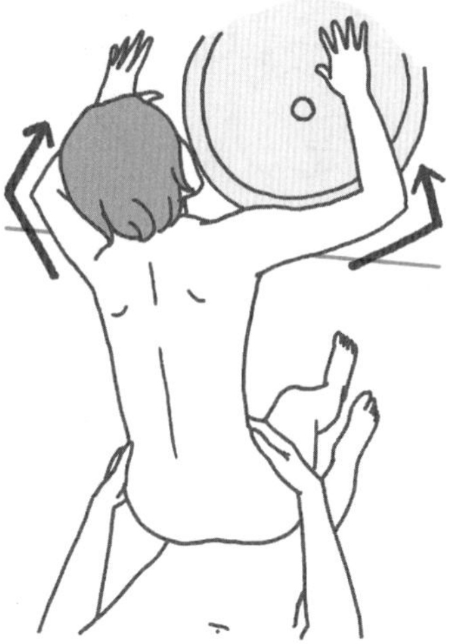

Wash basin Technique D

坐在洗手台邊緣令人興奮 咦？在這種地方做嗎!?

在洗手台水槽邊緣鋪一條毛巾，讓女生坐上去後，緩緩插入陰莖。「用這種姿勢？」除了讓對方感到意外，手腳傳來的洗手台冰冷的觸感和挺進腰部的炙熱，兩者落差會讓女生的腦袋天旋地轉。男性雙手支撐住女性腰部。如果女性的肢體較僵硬，雙腳沒辦法碰到洗手台，容易不穩，就要更用力扶著她的腰部固定好。重點是絕對不要勉強行事。

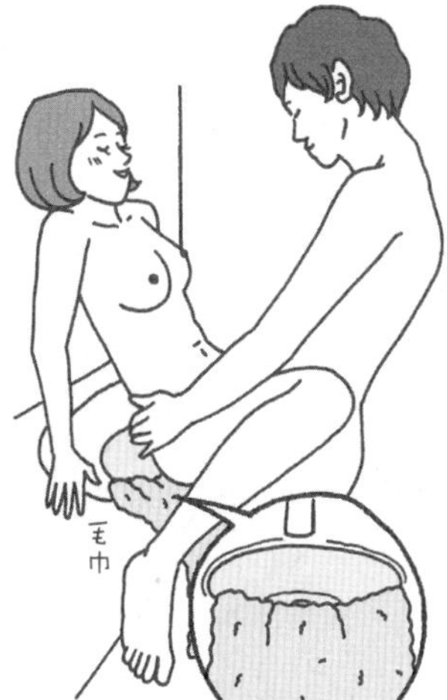

四季出遊的雙人共撫

旅行是戀愛的特刊★
在空調舒適的房間裡做愛很棒，
但既然生活在四季分明的國家，
偶爾也要試試戶外的雙人共撫！
找個避人耳目的地點暗自享受吧♥

春

划船！

上半身裝模作樣的約會
下半身大騷動～

划開小船，和其他人保持一段距離，船身以下的部分最好不要讓人看到。在不穩定的小船上享受雙人共撫，愛的小狀況不斷，趣味十足！假裝不經意地帶著按摩精油出門吧！

沙灘！

心跳加速的夏日大冒險！
大浴巾下的暗潮洶湧！

蔚藍大海、白熾晴空，穿梭而過的性感！和開放的氣氛呈現完全對比，在大浴巾下上演著私密的雙人共撫。準備2～3條厚厚的大浴巾，按摩精油則是必備品。也別直接在沙地上愛撫。

夏

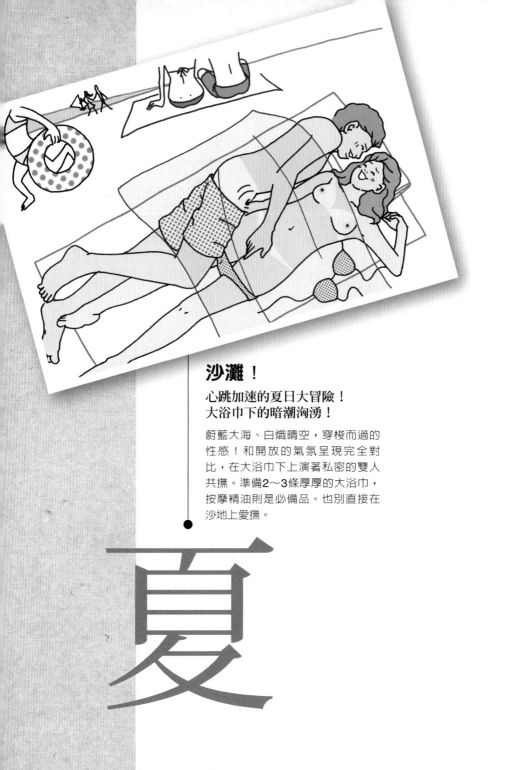

電影院！

藝術之秋當然以此為首選！
建議列入上摩鐵前的行程

這是我極力推薦的外出雙人共撫地點。在觀衆稀少的戲院，電影一邊放映，慢慢享受彼此的愛撫，滋味特別不一樣。雖然只能用手愛撫，但接下來上摩鐵時一定會點燃熊熊欲火！

秋

冬

露天溫泉！

愛撫同時吟詩作對
品味情趣的成人性愛

白天有岩石堆雪和枯木環繞，夜晚則有星月光芒擁抱。雙人共撫下孕育的不僅是高度性感，也有著對另一半的體貼和生活情趣。

國家圖書館出版品預行編目資料

極致挑逗：雙人共撫全圖解120招 / 亞當・德永 著；葉韋利 譯；
-- 初版 -- 臺北市：究竟，2011.09
192 面；14.8×20.8公分 --（第一本；31）

ISBN 978-986-137-145-0（平裝）
1. 性知識
429.1 100013318

The Eurasian Publishing Group 圓神出版事業機構 用心與你對話・視野無限寬廣
究竟出版社 Athena Press

http://www.booklife.com.tw inquiries@mail.eurasian.com.tw

第一本 031

極致挑逗——雙人共撫全圖解120招

作　　者／亞當・德永
插　　畫／岡村透子
譯　　者／葉韋利
發 行 人／簡志忠
出 版 者／究竟出版社股份有限公司
地　　址／台北市南京東路四段50號6樓之1
電　　話／(02) 2579-6600・2579-8800・2570-3939
傳　　真／(02) 2579-0338・2577-3220・2570-3636
郵撥帳號／19423061 究竟出版社股份有限公司
總 編 輯／陳秋月
主　　編／連秋香
責任編輯／劉珈盈
美術編輯／劉嘉慧
行銷企畫／吳幸芳・陳姵蒨
印務統籌／林永潔
監　　印／高榮祥
校　　對／連秋香
排　　版／莊寶鈴
經 銷 商／叩應股份有限公司
法律顧問／圓神出版事業機構法律顧問　蕭雄淋律師
印　　刷／祥峯印刷廠
2011年9月　初版
2013年4月　15刷

定價 250 元　ISBN 978-986-137-145-0　